法規隨身讀

建築法規隨身讀

編者簡介

江軍

曾留學於美國、日本、英國並具備建築、設計及營建、土木工程多重背景，曾任職於建築師事務所、營造廠及建設公司，具有近十年建築相關授課經驗，於多所大專院校及機關單位授課、演講數百場，建築相關領域著作逾二十本及證照百餘張。

學歷：

- 國立台灣科技大學設計學院建築研究所博士候選人
- 英國劍橋大學 (University of Cambridge) 環境設計碩士
- 國立台灣大學土木工程研究所 營建工程與管理碩士
- 法國巴黎高等商學院 (HEC Paris) 創新創業碩士 (在學)
- 國立台灣科技大學建築研究所 物業與設施管理學程
- 國立台灣科技大學建築系學士
- 國立台灣科技大學營建工程系學士

專業資格及證照：

- 美國麻省理工學院 Commercial Real Estate Analysis and Investment 結業
- 南非開普敦大學 (University of Cape Town) 土地開發與投資證書
- 日本早稲田大学 日本語教育研究科 JLP 結業
- 教育部專科學校畢業程度自學進修學力鑑定 - 建築工程科
- 英國皇家特許測量師 (MRICS)、職業安全管理甲級、營造工程管理甲級、建築工程管理甲級、職業安全衛生管理乙級、建築工程管理乙級、建築物室內裝修工程管理乙級、營造工程管理乙級、工程測量乙級、裝潢木工乙級、建築物公共安全檢查認可證、建築物室內裝修專業技術人員登記證、消防設備士、國際專案管理師 PMP、LEED-AP、WELL-AP、日本 Sick-house 病態建築二級診斷士等。

經歷：

- 力信建設開發集團 董事長特助
- 中華工程股份有限公司 工程師
- 博納實業有限公司 負責人

教學經驗：

- 中國文化大學推廣教育部 授課講師
- 國立台灣大學 土木系助教
- 宜蘭縣勞工教育協進會 講師
- 致理科技大學 業界專家講師
- 黎明技術學院 業界專家講師

相關著作與專利：

- 工地主任試題精選解析
- 最詳細!營造工程管理全攻略
- 建築工程管理技能檢定全攻略｜最詳細甲乙級學術科試題解析
- <世界名師經典>圖解綠建築
- 智取 建築工程管理乙級技術士術科破解攻略
- 智取 建築工程管理乙級技術士重點精解暨學科破解攻略
- LEED AP BD+C建築設計與施工應考攻略
- 一種牆體用的吸音建築隔板(中國新型實用專利)
- 一種用於建築工地的隔音牆體(中國新型實用專利)

建築法規隨身讀 使用說明

親愛的讀者，您好：

非常感謝您購買本系列套書。對於建築領域的考生或是從業人員來說，建築法規的系統不僅多且繁雜，內容牽涉到許多數字與時間的記憶，更是常常讓人無所適從。因此，我們特別開發了本系列「隨身讀」法規叢書，讓您不論是工作上的需求或是考試需要記憶，都可以放在口袋中隨時翻閱，不再需要厚重的法規叢書，定可讓您一舉摘金。

本書設計特色，請您務必詳閱，定能使本書發揮最大功效：

1. 依照專業類別分冊設計，您不需要一次攜帶全部的法規書。

2. 重點分別以一~三顆星，表示法規之重要程度。

3. 法條文字以橘色字體搭配紅色遮色片，讓您加強關鍵字記憶。

本書符號與標示說明：

NEW = 新修法條，根據本書出版年份最新修正的法條在前面以此符號表示。

★ = 重要度，本書以星號數作為重要度指標，三顆星為最重要，星號越少代表重要程度越低。

📖 = 參考法規附件，由於本書只收錄最重要之法規表格與附件，其他附表與附件請自行至全國法規資料庫下載。

重點 = 重要關鍵字，搭配書後紅色遮色片遮住後關鍵字即會消失。

(刪除) = 法條刪除，已刪除的法條為了避免遺漏，還是會標註於後方。

補充重點用框表示，中間可能有編者的額外補充說明。

敬祝 平安順心 試試順利

編者 江軍 謹誌

區域計畫與都市法規 目錄

第一章

區域計畫法

民國 89 年 01 月 26 日

第 一 章 總則

第1條
★★☆
○check

為促進土地及天然資源之保育利用，人口及產業活動之合理分布，以加速並健全經濟發展，改善生活環境，增進公共福利，特制定本法。

第2條
☆☆☆
○check

區域計畫依本法之規定；本法未規定者，適用其他法律。

第3條
★☆☆
○check

本法所稱區域計畫，係指基於地理、人口、資源、經濟活動等相互依賴及共同利益關係，而制定之區域發展計畫。

第4條
☆☆☆
○check

區域計畫之主管機關：中央為內政部；直轄市為直轄市政府；縣(市)為縣(市)政府。
各級主管機關為審議區域計畫，應設立區域計畫委員會；其組織由行政院定之。

第二章 區域計畫之擬定、變更、核定與公告

第5條

★☆☆
○check

左列地區應擬定區域計畫：
一、依全國性綜合開發計畫或地區性綜合開發計畫所指定之地區。
二、以首都、直轄市、省會或省(縣)轄市為中心，為促進都市實質發展而劃定之地區。
三、其他經內政部指定之地區。

第6條

☆☆☆
○check

區域計畫之擬定機關如左：
一、跨越兩個省(市)行政區以上之區域計畫，由中央主管機關擬定。
二、跨越兩個縣(市)行政區以上之區域計畫，由中央主管機關擬定。
三、跨越兩個鄉、鎮(市)行政區以上之區域計畫，由縣主管機關擬定。

依前項第三款之規定，應擬定而未能擬定時，上級主管機關得視實際情形，指定擬定機關或代為擬定。

第7條
★★★
○check

區域計畫應以文字及圖表，表明左列事項：

一、 區域範圍。
二、 自然環境。
三、 發展歷史。
四、 區域機能。
五、 人口及經濟成長、土地使用、運輸需要、資源開發等預測。
六、 計畫目標。
七、 城鄉發展模式。
八、 自然資源之開發及保育。
九、 土地分區使用計畫及土地分區管制。
十、 區域性產業發展計畫。
十一、 區域性運輸系統計畫。
十二、 區域性公共設施計畫。
十三、 區域性觀光遊憩設施計畫。
十四、 區域性環境保護設施計畫。
十五、 實質設施發展順序。
十六、 實施機構。
十七、 其他。

第8條
☆☆☆
○check

區域計畫之擬定機關為擬定計畫，得要求有關政府機關或民間團體提供必要之資料，各該機關團體應配合提供。

第9條
☆☆☆
○check

區域計畫依左列規定程序核定之：

一、 中央主管機關擬定之區域計畫，應經中央區域計畫委員會審議通過，報請行政院備案。

二、 直轄市主管機關擬定之區域計畫，應經直轄市區域計畫委員會審議通過，報請中央主管機關核定。

三、 縣(市)主管機關擬定之區域計畫，應經縣(市)區域計畫委員會審議通過，報請中央主管機關核定。

四、 依第六條第二項規定由上級主管機關擬定之區域計畫，比照本條第一款程序辦理。

第10條
☆☆☆
○check

區域計畫核定後，擬定計畫之機關應於接到核定公文之日起<u>40天</u>內公告實施，並將計畫圖說發交各有關地方政府及鄉、鎮(市)公所分別公開展示；其展示期間，不得少於<u>30日</u>。並經常保持清晰完整，以供人民閱覽。

第11條
★☆☆
○check

區域計畫公告實施後，凡依區域計畫應擬定市鎮計畫、鄉街計畫、特定區計畫或已有計畫而須變更者，當地都市計畫主管機關應按規定期限辦理擬定或變更手續。未依限期辦理者，其上級主管機關得代為擬定或變更之。

第12條
☆☆☆
○check

區域計畫公告實施後，區域內有關之開發或建設事業計畫，均應與區域計畫密切配合；必要時應修正其事業計畫，或建議主管機關變更區域計畫。

第13條
★★☆
○check

區域計畫公告實施後，擬定計畫之機關應視實際發展情況，每5年通盤檢討1次，並作必要之變更。但有左列情事之一者，得隨時檢討變更之：
一、發生或避免重大災害。
二、興辦重大開發或建設事業。
三、區域建設推行委員會之建議。

區域計畫之變更，依第九條及第十條程序辦理；必要時上級主管機關得比照第六條第二項規定變更之。

第14條
★☆☆
○check

主管機關因擬定或變更區域計畫，得派員進入公私土地實施調查或勘測。

但設有圍障之土地，應事先通知土地所有權人或其使用人；通知無法送達時，得以公告方式為之。為實施前項調查或勘測，必須遷移或拆除地上障礙物，以致所有權人或使用人遭受損失者，應予適當之補償。補償金額依協議為之，協議不成，報請上級政府核定之。

第三章 區域土地使用管制

第15條
☆☆☆
○check

區域計畫公告實施後，不屬第十一條之非都市土地，應由有關直轄市或縣(市)政府，按照非都市土地分區使用計畫，製定非都市土地使用分區圖，並編定各種使用地，報經上級主管機關核備後，實施管制。變更之程序亦同。其管制規則，由中央主管機關定之。

前項非都市土地分區圖，應按鄉、鎮(市)分別繪製，並利用重要建築或地形上顯著標誌及地籍所載區段以標明土地位置。

第15-1條
★☆☆
○check

區域計畫完成通盤檢討公告實施後，不屬第十一條之非都市土地，符合非都市土地分區使用計畫者，得依左列規定，辦理分區變更：

一、政府為加強資源保育須檢討變更使用分區者，得由直轄市、縣(市)政府報經上級主管機關核定時，逕為辦理分區變更。

二、為開發利用，依各該區域計畫之規定，由申請人擬具<u>開發計畫</u>，檢同有關文件，向直轄市、縣(市)政府申請，報經各該區域計畫擬定機關許可後，辦理分區變更。

區域計畫擬定機關為前項第二款計畫之許可前，應先將申請開發案提報各該區域計畫委員會審議之。

第15-2條
★★☆
○check

依前條第一項第二款規定申請開發之案件，經審議符合左列各款條件，得許可開發：

一、於國土利用係屬<u>適當</u>而<u>合理</u>者。

二、不違反中央、直轄市或縣(市)政府基於中央法規或地方自治法規所為之土地利用或環境保護計畫者。

三、對環境保護、自然保育及災害防止為妥適規劃者。

四、與水源供應、鄰近之交通設施、排水系統、電力、電信及垃圾處理等公共設施及公用設備服務能相互配合者。

五、取得開發地區土地及建築物權利證明文件者。

前項審議之作業規範，由中央主管機關會商有關機關定之。

第15-3條
☆☆☆
〇check

申請開發者依第十五條之一第一項第二款規定取得區域計畫擬定機關許可後，辦理分區或用地變更前，應將開發區內之公共設施用地完成分割移轉登記為各該直轄市、縣(市)有或鄉、鎮(市)有，並向直轄市、縣(市)政府繳交開發影響費，作為改善或增建相關公共設施之用；該開發影響費得以開發區內可建築土地抵充之。

前項開發影響費之收費範圍、標準及其他相關事項，由中央主管

機關定之。

第一項開發影響費得成立基金；其收支保管及運用辦法，由直轄市、縣(市)主管機關定之。

第一項開發影響費之徵收，於都市土地準用之。

第15-4條
★☆☆
○check
依第十五條之一第一項第二款規定申請開發之案件，直轄市、縣(市)政府應於受理後**60日**內，報請各該區域計畫擬定機關辦理許可審議，區域計畫擬定機關並應於**90日**內將審議結果通知申請人。但有特殊情形者，得延長1次，其延長期間並不得超過原規定之期限。

第15-5條
☆☆☆
○check
直轄市、縣(市)政府不依前條規定期限，將案件報請區域計畫擬定機關審議者，其上級主管機關得令其一定期限內為之；逾期仍不為者，上級主管機關得依申請，逕為辦理許可審議。

第16條
☆☆☆
○check
直轄市或縣(市)政府依第十五條規定實施非都市土地分區使用管制時，應將非都市土地分區圖及編定結果予以公告；其編定結果，

應通知土地所有權人。

前項分區圖複印本，發交有關鄉(鎮、市)公所保管，隨時備供人民免費閱覽。

第17條
☆☆☆
◯check

區域計畫實施時，其地上原有之土地改良物，不合土地分區使用計畫者，經政府令其變更使用或拆除時所受之損害，應予適當補償。補償金額，由雙方協議之。協議不成，由當地直轄市、縣(市)政府報請上級政府予以核定。

第四章 區域開發建設之推動

第18條
☆☆☆
◯check

中央、直轄市、縣(市)主管機關為推動區域計畫之實施及區域公共設施之興修，得邀同有關政府機關、民意機關、學術機構、人民團體、公私企業等組成區域建設推行委員會。

第19條
★★★
◯check

區域建設推行委員會之任務如左：
一、有關區域計畫之建議事項。
二、有關區域開發建設事業計畫之建議事項。

三、有關個別開發建設事業之協調事項。

四、有關籌措區域公共設施建設經費之協助事項。

五、有關實施區域開發建設計畫之促進事項。

六、其他有關區域建設推行事項。

第20條
☆☆☆
○check

區域計畫公告實施後，區域內個別事業主管機關，應配合區域計畫及區域建設推行委員會之建議，分別訂定開發或建設進度及編列年度預算，依期辦理之。

第五章 罰則

第21條
☆☆☆
○check

違反第十五條第一項之管制使用土地者，由該管直轄市、縣(市)政府處新臺幣6萬元以上30萬元以下罰鍰，並得限期令其變更使用、停止使用或拆除其地上物恢復原狀。

前項情形經限期變更使用、停止使用或拆除地上物恢復原狀而不遵從者，得按次處罰，並停止供水、供電、封閉、強制拆除或採

取其他恢復原狀之措施，其費用由土地或地上物所有人、使用人或管理人負擔。

前二項罰鍰，經限期繳納逾期不繳納者，移送法院強制執行。

第22條
☆☆☆
○check

違反前條規定不依限變更土地使用或拆除建築物恢復土地原狀者，除依行政執行法辦理外，並得處 <u>6個月</u>以下有期徒刑或拘役。

第 六 章 附則

第22-1條
☆☆☆
○check

區域計畫擬定機關或上級主管機關依本法為土地開發案件之許可審議，應收取<u>審查費</u>；其收費標準，由中央主管機關定之。

第23條
☆☆☆
○check

本法施行細則，由內政部擬訂，報請行政院核定之。

第24條
☆☆☆
○check

本法自公布日施行。

第二章

區域計畫法施行細則

民國 102 年 10 月 23 日

第一章 總則

第1條
☆☆☆
◯check
本細則依區域計畫法(以下簡稱本法)第二十三條規定訂定之。

第二章 區域計畫之擬定、變更、核定與公告

第2條
☆☆☆
◯check
依本法規定辦理區域計畫之擬定或變更,主管機關於必要時得委託<u>有關機關</u>、<u>學術團體</u>或其他<u>專業機構</u>研究規劃之。

第3條
★☆☆
◯check
各級主管機關依本法擬定區域計畫時,得要求有關政府機關或民間團體提供資料,必要時得徵詢事業單位之意見,其計畫年期以不超過 **<u>25 年</u>** 為原則。

第4條
★★☆
○check

區域計畫之區域範圍，應就<u>行政區劃</u>、<u>自然環境</u>、<u>自然資源</u>、<u>人口分布</u>、<u>都市體系</u>、<u>產業結構</u>與分布及其他必要條件劃定之。

直轄市、縣(市)主管機關之海域管轄範圍，由中央主管機關會商有關機關劃定。

第5條
★★☆
○check

本法第七條第九款所定之土地分區使用計畫，包括<u>土地使用基本方針</u>、<u>環境敏感地區</u>、<u>土地使用計畫</u>、<u>土地使用分區劃定</u>及檢討等相關事項。

前項所定環境敏感地區，包括<u>天然災害</u>、<u>生態</u>、<u>文化景觀</u>、<u>資源生產</u>及其他環境敏感等地區。

第6條
☆☆☆
○check

各級區域計畫委員會審議區域計畫時，得徵詢有關政府機關、事業單位、民間團體或該區域建設推行委員會之意見。

第7條
☆☆☆
○check

直轄市、縣(市)主管機關擬定之區域計畫，應遵循中央主管機關擬定之區域計畫。

區域計畫公告實施後，區域內之都市計畫及有關開發或建設事業

計畫之內容與建設時序，應與區域計畫密切配合。原已發布實施之都市計畫不能配合者，該都市計畫應即通盤檢討變更。

區域內各開發或建設事業計畫，在區域計畫公告實施前已執行而與區域計畫不符者，主管機關應通知執行機關就尚未完成部分限期修正。

第8條

★☆☆

○check

主管機關因擬定或變更區域計畫，依本法第十四條規定派員進入公私有土地實施調查或勘測時，應依下列規定辦理：

一、 進入設有圍障之土地，應於10日前通知該土地所有權人或使用人。

二、 必須遷移或拆除地上障礙物者，應於10日前將其名稱、地點及拆除或變更日期，通知所有權人或使用人，並定期協議補償金額。

前項通知無法送達時，得寄存於當地村里長處，並於本機關公告處公告之。

第9條

☆☆☆

○check

依本法第十四條第二項及第十七條應發給所有權人或使用人之補償金，有下列情形之一時，應依法提存：

一、 應受補償人拒絕受領或不能受領者。

二、 應受補償人所在不明者。

第三章 區域土地使用管制

第10條

★☆☆

○check

區域土地應符合土地分區使用計畫，並依下列規定管制：

一、 都市土地：包括已發布都市計畫及依都市計畫法第八十一條規定為新訂都市計畫或擴大都市計畫而先行劃定計畫地區範圍，實施禁建之土地；其使用依都市計畫法管制之。

二、 非都市土地：指都市土地以外之土地；其使用依本法第十五條規定訂定非都市土地使用管制規則管制之。

前項範圍內依國家公園法劃定之國家公園土地，依國家公園計畫管制之。

第11條
★★★
○check

非都市土地得劃定為下列各種使用區：

一、特定農業區：優良農地或曾經投資建設重大農業改良設施，經會同農業主管機關認為必須加以特別保護而劃定者。

二、一般農業區：特定農業區以外供農業使用之土地。

三、工業區：為促進工業整體發展，會同有關機關劃定者。

四、鄉村區：為調和、改善農村居住與生產環境及配合政府興建住宅社區政策之需要，會同有關機關劃定者。

五、森林區：為保育利用森林資源，並維護生態平衡及涵養水源，依森林法等有關法規，會同有關機關劃定者。

六、山坡地保育區：為保護自然生態資源、景觀、環境，與防治沖蝕、崩塌、地滑、土石流失等地質災害，及涵養水源等水土保育，依有關法規，會同有關機關劃定者。

七、<u>風景區</u>：為維護自然景觀，改善國民康樂遊憩環境，依有關法規，會同有關機關劃定者。

八、<u>國家公園區</u>：為保護國家特有之自然風景、史蹟、野生物及其棲息地，並供國民育樂及研究，依國家公園法劃定者。

九、<u>河川區</u>：為保護水道、確保河防安全及水流宣洩，依水利法等有關法規，會同有關機關劃定者。

十、<u>海域區</u>：為促進海域資源與土地之保育及永續合理利用，防治海域災害及環境破壞，依有關法規及實際用海需要劃定者。

十一、<u>其他</u>使用區或特定專用區：為利各目的事業推動業務之實際需要，依有關法規，會同有關機關劃定並註明其用途者。

第12條
★☆☆
○check

依本法第十五條規定製定非都市土地使用分區圖，應按鄉(鎮、市、區)之行政區域分別繪製，其

比例尺不得小於1/25000，並標明各種使用區之界線；已依法核定之各種公共設施、道路及河川用地，能確定其界線者，應一併標明之。

前項各種使用區之界線，應根據圖面、地形、地物等顯著標誌與說明書，依下列規定認定之：

一、以計畫地區範圍界線為界線者，以該範圍之界線為分區界線。

二、以水岸線或河川中心線為界線者，以該水岸線或河川中心線為分區界線，其有移動者，隨其移動。

三、以鐵路線為界線者，以該鐵路界線為分區界線。

四、以道路為界線者，以其計畫道路界線為分區界線，無計畫道路者，以該現有道路界線為準。

五、以宗地界線為界線者，以地籍圖上該宗地界線為分區界線。

海域區應以適當坐標系統定位範圍界線，並製定非都市土地使用

分區圖，不受第一項比例尺不得小於1/25000限制。

第13條

★★★

○check

直轄市、縣(市)主管機關依本法第十五條規定編定各種使用地時，應按非都市土地使用分區圖所示範圍，就土地能供使用之性質，參酌地方實際需要，依下列規定編定，且除海域用地外，並應繪入地籍圖；其已依法核定之各種公共設施用地，能確定其界線者，並應測定其界線後編定之：

一、甲種建築用地：供山坡地範圍外之農業區內建築使用者。

二、乙種建築用地：供鄉村區內建築使用者。

三、丙種建築用地：供森林區、山坡地保育區、風景區及山坡地範圍之農業區內建築使用者。

四、丁種建築用地：供工廠及有關工業設施建築使用者。

五、農牧用地：供農牧生產及其設施使用者。

六、林業用地：供營林及其設施使用者。

七、養殖用地：供水產養殖及其
設施使用者。

八、鹽業用地：供製鹽及其設施
使用者。

九、礦業用地：供礦業實際使用
者。

十、窯業用地：供磚瓦製造及其
設施使用者。

十一、交通用地：供鐵路、公路、
捷運系統、港埠、空運、
氣象、郵政、電信等及其
設施使用者。

十二、水利用地：供水利及其設
施使用者。

十三、遊憩用地：供國民遊憩使
用者。

十四、古蹟保存用地：供保存古
蹟使用者。

十五、生態保護用地：供保護生
態使用者。

十六、國土保安用地：供國土保
安使用者。

十七、殯葬用地：供殯葬設施使
用者。

十八、海域用地：供各類用海及
其設施使用者。

十九、特定目的事業用地：供各種特定目的之事業使用者。

前項各種使用地編定完成後，直轄市、縣(市)主管機關應報中央主管機關核定；變更編定時，亦同。

第14條
☆☆☆
○check

依本法第十五條及第十五條之一第一項第一款製定非都市土地使用分區圖、編定各種使用地與辦理非都市土地使用分區及使用地編定檢討之作業方式及程序，由中央主管機關定之。

前項使用分區具有下列情形之一者，得委辦直轄市、縣(市)主管機關核定：

一、使用分區之更正。

二、為加強資源保育辦理使用分區之劃定或檢討變更。

三、面積未達1公頃使用分區之劃定。

第15條
★★★
○check

本法第十五條之一第一項第二款所稱開發計畫，應包括下列內容：

一、開發內容分析。

二、基地環境資料分析。

三、 <u>實質發展計畫</u>。

四、 公共設施<u>營運管理</u>計畫。

五、 平地之<u>整地排水</u>工程。

六、 <u>其他</u>應表明事項。

本法第十五條之一第一項第二款所稱有關文件，係指下列文件：

一、 申請人清冊。

二、 設計人清冊。

三、 土地清冊。

四、 相關簽證(名)技師資料。

五、 土地及建築物權利證明文件。

六、 相關主管機關或事業機構同意文件。

七、 其他文件。

前二項各款之內容，應視開發計畫性質，於審議作業規範中定之。

第16條
☆☆☆
○check

直轄市、縣(市)主管機關受理申請開發案件後，經查對開發計畫與有關文件須補正者，應通知申請人限期補正；屆期未補正者，直轄市、縣(市)主管機關應敘明處理經過，報請中央主管機關審議。

主管機關辦理許可審議時，如有須補正事項者，應通知申請人限

期補正，屆期未補正者，應為駁回之處分。

第17條
★☆☆
○check

本法第十五條之四所定**60日**，係指自直轄市、縣(市)主管機關受理申請開發案件之次日起算60日。

本法第十五條之四所定**90日**，係指自主管機關受理審議開發案件，並經申請人繳交審查費之次日起算90日。

第18條
☆☆☆
○check

直轄市、縣(市)區域計畫公告實施後，依本法第十五條之一第一項第二款規定申請開發之案件，由直轄市、縣(市)主管機關辦理審議許可。但一定規模以上、性質特殊、位於環境敏感地區或其他經中央主管機關指定者，應由中央主管機關審議許可。

直轄市、縣(市)區域計畫公告實施前，依本法第十五條之一第一項第二款規定申請開發之案件，除前項但書規定者外，中央主管機關得委辦直轄市、縣(市)主管機關審議許可。

第一項所定一定規模、性質特殊、位於環境敏感地區，由中央主管機關定之。

第19條
☆☆☆
○check

為實施區域土地使用管制，直轄市或縣(市)主管機關應會同有關機關定期實施全面性土地使用現狀調查，並將調查結果以圖冊(卡)記載之。

第20條
☆☆☆
○check

直轄市、縣(市)主管機關依本法第十五條規定將非都市土地使用分區圖及各種使用地編定結果報經中央主管機關核定後，除應依本法第十六條規定予以公告，並通知土地所有權人外，並應自公告之日起，依照非都市土地使用管制規則實施土地使用管制。

土地所有權人發現土地使用分區界線或使用地編定有錯誤或遺漏時，應於公告之日起30日內，以書面申請更正。

直轄市、縣(市)主管機關對前項之申請經查明屬實者，應彙報中央主管機關核定後更正之，並復知申請人。

各種使用地編定結果，除海域用地外，應登載於土地登記簿，變更編定時亦同。

第21條

☆☆☆
○check

依本法實施區域土地使用管制後，區域計畫依本法第十三條規定變更者，直轄市或縣(市)主管機關應即檢討相關之非都市土地使用分區圖及土地使用編定，並作必要之變更編定。

第四章 區域開發建設之推動

第22條

☆☆☆
○check

各級主管機關得視需要，依本法第十八條規定，聘請有關人員設置<u>區域建設推行委員會</u>，辦理本法第十九條規定之任務，其設置辦法由各該主管機關定之。未設置區域建設推行委員會者，本法第十九條規定之任務，由各級主管機關指定單位負責辦理。

第23條

☆☆☆
○check

各級區域建設推行委員會或辦理其任務之單位對區域建設推行事項應廣為宣導，並積極誘導區域開發建設事業之發展，必要時並得邀請有關機關公私團體，舉辦

區域建設之各種專業性研討會，或委託學術團體從事區域開發建設問題之專案研究。

第24條
☆☆☆
○check
各級區域建設推行委員會或辦理其任務之單位依本法第十九條所為協助或建議，各有關機關及事業機構應盡量配合辦理。其屬於區域公共設施分期建設計畫及經費概算者，各有關機關編製施政計畫及年度預算時應配合辦理。

 附則

第25條
☆☆☆
○check
本細則自發布日施行。

第三章

非都市土地使用管制規則

民國 109 年 03 月 30 日

 **總則**

第1條
☆☆☆
○check
本規則依區域計畫法(以下簡稱本法)第十五條第一項規定訂定之。

第2條
★☆☆
○check
非都市土地得劃定為特定農業、一般農業、工業、鄉村、森林、山坡地保育、風景、國家公園、河川、海域、特定專用等使用分區。

第3條
☆☆☆
○check
非都市土地依其使用分區之性質,編定為甲種建築、乙種建築、丙種建築、丁種建築、農牧、林業、養殖、鹽業、礦業、窯業、交通、水利、遊憩、古蹟保存、生態保護、國土保安、殯葬、海域、特定目的事業等使用地。

第4條
☆☆☆
〇check

非都市土地之使用，除國家公園區內土地，由國家公園主管機關依法管制外，按其編定使用地之類別，依本規則規定管制之。

第5條
☆☆☆
〇check

非都市土地使用分區劃定及使用地編定後，由直轄市或縣(市)政府管制其使用，並由當地鄉(鎮、市、區)公所隨時檢查，其有違反土地使用管制者，應即報請直轄市或縣(市)政府處理。

鄉(鎮、市、區)公所辦理前項檢查，應指定人員負責辦理。

直轄市或縣(市)政府為處理第一項違反土地使用管制之案件，應成立聯合取締小組定期查處。

前項直轄市或縣(市)聯合取締小組得請目的事業主管機關定期檢查是否依原核定計畫使用。

第二章 容許使用、建蔽率及容積率

第6條
☆☆☆
〇check

非都市土地經劃定使用分區並編定使用地類別，應依其容許使用之項目及許可使用細目使用。但中央目的事業主管機關認定為重

大建設計畫所需之臨時性設施，經徵得使用地之中央主管機關及有關機關同意後，得核准為臨時使用。中央目的事業主管機關於核准時，應函請直轄市或縣(市)政府將臨時使用用途及期限等資料，依相關規定程序登錄於土地參考資訊檔。中央目的事業主管機關及直轄市、縣(市)政府應負責監督確實依核定計畫使用及依限拆除恢復原狀。

前項容許使用及臨時性設施，其他法律或依本法公告實施之區域計畫有禁止或限制使用之規定者，依其規定。

海域用地以外之各種使用地容許使用項目、許可使用細目及其附帶條件如附表一📖；海域用地容許使用項目及區位許可使用細目如附表一之一📖。

非都市土地容許使用執行要點，由內政部定之。

目的事業主管機關為辦理容許使用案件，得視實際需要，訂定審查作業要點。

第6-1條
★☆☆
○check

依前條第三項附表一📖規定應申請許可使用者，應檢附下列文件，向目的事業主管機關申請核准：

一、 非都市土地許可使用<u>申請書</u>如附表五📖。

二、 使用<u>計畫書</u>。

三、 土地登記(簿)謄本及<u>地籍圖</u>謄本。

四、 申請許可<u>使用同意書</u>。

五、 土地使用<u>配置圖</u>及位置示意圖。

六、 其他有關文件。

前項第三款之文件能以電腦處理者，免予檢附。申請人為土地所有權人者，免附第一項第四款規定之文件。第一項第一款申請書格式，目的事業主管機關另有規定者，得依其規定辦理。

第6-2條
★☆☆
○check

依第六條第三項附表一之一📖規定於海域用地申請區位許可者，應檢附申請書如附表一之二📖，向中央主管機關申請核准。

依前項於海域用地申請區位許可，經審查符合下列各款條件者，始得核准：

一、 對於海洋之自然條件狀況、自然資源分布、社會發展需求及國家安全考量等，係屬適當而合理。

二、 申請區位若位屬附表一之二 📖 環境敏感地區者，應經各項環境敏感地區之中央法令規定之目的事業主管機關同意。

三、 興辦事業計畫經目的事業主管機關核准或原則同意。

四、 申請區位屬下列情形之一者：

　　(一) 非屬已核准區位許可範圍。

　　(二) 屬已核准區位許可範圍，並經該目的事業主管機關同意。

　　(三) 屬已核准區位許可範圍，且該區位逾3年未使用。

第一項申請案件，中央主管機關應會商有關機關審查。但涉重大政策或認定疑義者，應依下列原則處理：

一、 於不影響海域永續利用之前提下，尊重現行之使用。

二、 申請區位、資源和環境等為<u>自然屬性</u>者優先。

三、 多功能使用之海域，以<u>公共福祉最大化</u>之使用優先，相容性較高之使用次之。

本規則中華民國105年1月2日修正生效前，依其他法令已同意使用之用海範圍，且屬第一項需申請區位許可者，各目的事業主管機關應於本規則中華民國105年1月2日修正生效後 **6個月**內，將同意使用之用海範圍及相關資料報送中央主管機關；其使用之用海範圍，視同取得區位許可。

於海域用地申請區位許可審議之流程如附表一之三📖。

第6-3條
☆☆☆
◯check
中央主管機關依前條核准區位許可者，應按個案情形核定許可期間，並核發區位許可證明文件，將審查結果納入海域相關之基本資料庫，並副知該目的事業主管機關及直轄市、縣(市)政府。

第7條
☆☆☆
◯check
山坡地範圍內森林區、山坡地保育區及風景區之土地，在未編定使用地之類別前，適用<u>林業用地</u>之管制。

第8條

☆☆☆

○check

土地使用編定後，其原有使用或原有建築物不合土地使用分區規定者，在政府令其變更使用或拆除建築物前，得為從來之使用。原有建築物除准修繕外，不得增建或改建。

前項土地或建築物，對公眾安全、衛生及福利有重大妨礙者，該管直轄市或縣(市)政府應限期令其變更或停止使用、遷移、拆除或改建，所受損害應予適當補償。

第9條

★★★

○check

下列非都市土地建蔽率及容積率不得超過下列規定。但直轄市或縣(市)政府得視實際需要酌予調降，並報請中央主管機關備查：

一、 甲種建築用地：建蔽率60%。容積率240%。

二、 乙種建築用地：建蔽率60%。容積率240%。

三、 丙種建築用地：建蔽率40%。容積率120%。

四、 丁種建築用地：建蔽率70%。容積率300%。

五、 窯業用地：建蔽率60%。容積率120%。

六、 交通用地：建蔽率<u>40%</u>。容
　　積率<u>120%</u>。
七、 遊憩用地：建蔽率<u>40%</u>。容
　　積率<u>120%</u>。
八、 殯葬用地：建蔽率<u>40%</u>。容
　　積率<u>120%</u>。
九、 特定目的事業用地：建蔽率
　　<u>60%</u>。容積率<u>180%</u>。

經依區域計畫擬定機關核定之工
商綜合區土地使用計畫而規劃之
特定專用區，區內可建築基地
經編定為特定目的事業用地者，
其建蔽率及容積率依核定計畫管
制，不受前項第九款規定之限制。
經主管機關核定之土地使用計
畫，其建蔽率及容積率低於第一
項之規定者，依核定計畫管制之。
第一項以外使用地之建蔽率及容
積率，由下列使用地之中央主管
機關會同建築管理、地政機關訂
定：

一、 農牧、林業、生態保護、國
　　土保安用地之中央主管機
　　關：行政院農業委員會。
二、 養殖用地之中央主管機關：
　　行政院農業委員會漁業署。

三、鹽業、礦業、水利用地之中央主管機關：經濟部。

四、古蹟保存用地之中央主管機關：文化部。

第9-1條
★★☆
○check

依原獎勵投資條例、原促進產業升級條例或產業創新條例編定開發之工業區，或其他政府機關依該園區設置管理條例設置開發之園區，於符合核定開發計畫，並供生產事業、工業及必要設施使用者，其擴大投資或產業升級轉型之興辦事業計畫，經工業主管機關或各園區主管機關同意，平均每公頃新增投資金額(不含土地價款)超過新臺幣**4億5000萬元**者，平均每公頃再增加投資新臺幣1000萬元，得增加法定容積**1%**，上限為法定容積**15%**。

前項擴大投資或產業升級轉型之興辦事業計畫，為提升能源使用效率及設置再生能源發電設備，於取得前項增加容積後，並符合下列各款規定之一者，得依下列項目增加法定容積：

一、設置能源管理系統：**2%**。

二、設置太陽光電發電設備於廠
　　房屋頂，且水平投影面積占
　　屋頂可設置區域範圍50%以
　　上：3%。

第一項擴大投資或產業升級轉型
之興辦事業計畫，依前二項規定
申請後，仍有增加容積需求者，
得依工業或各園區主管機關法令
規定，以捐贈產業空間或繳納回
饋金方式申請增加容積。

第一項規定之工業區或園區，區
內可建築基地經編定為丁種建築
用地者，其容積率不受第九條第
一項第四款規定之限制。但合併
計算前三項增加之容積，其容積
率不得超過400%。

第一項至第三項增加容積之審
核，在中央由經濟部、科技部或
行政院農業委員會為之；在直轄
市或縣(市)由直轄市或縣(市)政
府為之。

前五項規定應依第二十二條規定
辦理後，始得為之。

第10條
☆☆☆
○check

非都市土地經劃定使用分區後，因申請開發，依區域計畫之規定需辦理土地使用分區變更者，應依本規則之規定辦理。

第11條
★☆☆
○check

非都市土地申請開發達下列規模者，應辦理土地使用分區變更：

一、 申請開發社區之計畫達**50戶**或土地面積在1公頃以上，應變更為鄉村區。

二、 申請開發為工業使用之土地面積達**10公頃**以上或依產業創新條例申請開發為工業使用之土地面積達5公頃以上，應變更為工業區。

三、 申請開發遊憩設施之土地面積達5公頃以上，應變更為特定專用區。

四、 申請設立學校之土地面積達10公頃以上，應變更為特定專用區。

五、 申請開發高爾夫球場之土地面積達10公頃以上，應變更為特定專用區。

非都土管規則

六、申請開發公墓之土地面積達5公頃以上或其他殯葬設施之土地面積達2公頃以上，應變更為特定專用區。

七、前六款以外開發之土地面積達2公頃以上，應變更為特定專用區。

前項辦理土地使用分區變更案件，申請開發涉及其他法令規定開發所需最小規模者，並應符合各該法令之規定。

申請開發涉及填海造地者，應按其開發性質辦理變更為適當土地使用分區，不受第一項規定規模之限制。

中華民國77年7月1日本規則修正生效後，同一或不同申請人向目的事業主管機關提出2個以上興辦事業計畫申請之開發案件，其申請開發範圍毗鄰，且經目的事業主管機關審認屬同一興辦事業計畫，應累計其面積，累計開發面積達第一項規模者，應一併辦理土地使用分區變更。

第12條
★☆☆
○check

為執行區域計畫，各級政府得就各區域計畫所列重要風景及名勝地區研擬風景區計畫，並依本規則規定程序申請變更為風景區，其面積以 <u>25公頃</u> 以上為原則。但離島地區，不在此限。

第13條
☆☆☆
○check

非都市土地開發需辦理土地使用分區變更者，其申請人應依相關審議作業規範之規定製作開發計畫書圖及檢具有關文件，並依下列程序，向直轄市或縣(市)政府申請辦理：

一、申請開發許可。

二、相關公共設施用地完成土地使用分區及使用地之異動登記，並移轉登記為該管直轄市、縣(市)有或鄉(鎮、市)有。但其他法律就移轉對象另有規定者，從其規定。

三、申請公共設施用地以外土地之土地使用分區及使用地之異動登記。

四、山坡地範圍，依水土保持法相關規定應擬具水土保持計畫者，應取得 <u>水土保持完工證明書</u>；非山坡地範圍，應

取得<u>整地排水完工證明書</u>。
但申請開發範圍包括山坡地及非山坡地範圍，非山坡地範圍經水土保持主管機關同意納入水土保持計畫範圍者，得免取得整地排水完工證明書。

填海造地及非山坡地範圍農村社區土地重劃案件，免依前項第四款規定取得整地排水完工證明書。

第一項第二款相關公共設施用地按核定開發計畫之公共設施分期計畫異動登記及移轉者，第一項第三款土地之異動登記，應按該分期計畫申請辦理變更為許可之使用分區及使用地。

第14條
☆☆☆
○check

直轄市或縣(市)政府依前條規定受理申請後，應查核開發計畫書圖及基本資料，並視開發計畫之使用性質，徵詢相關單位意見後，提出具體初審意見，併同申請案之相關書圖，送請各該區域計畫擬定機關，提報其區域計畫委員會，依各該區域計畫內容與相關審議作業規範及建築法令之規定審議。

前項申請案經區域計畫委員會審議同意後，由區域計畫擬定機關核發<u>開發許可</u>予申請人，並通知土地所在地直轄市或縣(市)政府。

依前條規定申請使用分區變更之土地，其使用管制及開發建築，應依區域計畫擬定機關核發開發許可或開發同意之開發計畫書圖及其許可條件辦理，申請人不得逕依第六條附表一📖作為開發計畫以外之其他容許使用項目或許可使用細目使用。

第14-1條
☆☆☆
○check

非都市土地申請開發許可案件，申請人得於區域計畫擬定機關許可前向該機關申請撤回；區域計畫擬定機關於同意撤回後，應通知申請人及土地所在地直轄市或縣(市)政府。

第15條
★☆☆
○check

非都市土地開發需辦理土地使用分區變更者，申請人於申請開發許可時，得依相關審議作業規範規定，檢具<u>開發計畫</u>申請許可，或僅先就開發計畫之<u>土地使用分區變更計畫</u>申請同意，並於區域

計畫擬定機關核准期限內，再檢具使用地變更編定計畫申請許可。

申請開發殯葬、廢棄物衛生掩埋場、廢棄物封閉掩埋場、廢棄物焚化處理廠、營建剩餘土石方資源處理場及土石採取場等設施，應先就開發計畫之土地使用分區變更計畫申請同意，並於區域計畫擬定機關核准期限內，檢具使用地變更編定計畫申請許可。

第16條
★☆☆
○check

申請人依前條規定僅先就開發計畫之土地使用分區變更計畫申請同意時，應於區域計畫擬定機關核准期限內，檢具開發計畫之使用地變更編定計畫向直轄市或縣(市)政府申請許可，逾期未申請者，其原經區域計畫擬定機關同意之土地使用分區變更計畫失其效力。但在核准期限屆滿前申請，並經區域計畫擬定機關同意延長期限者，不在此限。

前項使用地變更編定計畫，經直轄市或縣(市)政府查核資料，並報經區域計畫委員會審議同意後，由區域計畫擬定機關核發開

發許可予申請人，並通知土地所在地直轄市或縣(市)政府。

第16-1條
☆☆☆
〇check

申請人依第十五條規定僅先就開發計畫之土地使用分區變更計畫申請同意者，應於使用地變更編定計畫取得區域計畫擬定機關許可後，始得依第十三條第一項第二款至第四款規定辦理。但依第十五條第一項規定辦理之案件，經興辦事業計畫之中央目的事業主管機關認定屬重大建設計畫且有迫切需要，於取得區域計畫擬定機關同意後，得先申請土地使用分區之異動登記。

第17條
★☆☆
〇check

申請土地開發者於目的事業法規另有規定，或依法需辦理環境影響評估、實施水土保持之處理及維護或涉及農業用地變更者，應依各目的事業、環境影響評估、水土保持或農業發展條例有關法規規定辦理。

前項環境影響評估、水土保持或區域計畫擬定等主管機關之審查作業，得採併行方式辦理，其審議程序如附表二📖及附表二之一📖。

第18條
☆☆☆
○check

非都市土地申請開發屬綜合性土地利用型態者，應由區域計畫擬定機關依其土地使用性質，協調判定其目的事業主管機關。

前項綜合性土地利用型態，係指多類別使用分區變更案或多種類土地使用(開發)案。

第19條
☆☆☆
○check

申請人依第十三條第一項第一款規定申請開發許可，依區域計畫委員會審議同意之計畫內容或各目的事業相關法規之規定，需與當地直轄市或縣(市)政府簽訂協議書者，應依審議同意之計畫內容及各目的事業相關法規之規定，與當地直轄市或縣(市)政府簽訂協議書。

前項協議書應於區域計畫擬定機關核發開發許可前，經法院公證。

第20條
☆☆☆
○check

區域計畫擬定機關核發開發許可、廢止開發許可或開發同意後，直轄市或縣(市)政府應將許可或廢止內容於各該直轄市、縣(市)政府或鄉(鎮、市、區)公所公告30日。

第21條

★☆☆

○check

申請人有下列情形之一者,直轄市或縣(市)政府應報經區域計畫擬定機關廢止原開發許可或開發同意:

一、違反核定之土地使用計畫、目的事業或環境影響評估等相關法規,經該管主管機關提出要求處分並經限期改善而未改善。

二、興辦事業計畫經目的事業主管機關廢止或依法失其效力、整地排水計畫之核准經直轄市或縣(市)政府廢止或水土保持計畫之核准經水土保持主管機關廢止或依法失其效力。

三、申請人自行申請廢止。

屬區域計畫擬定機關委辦直轄市或縣(市)政府審議許可案件,由直轄市或縣(市)政府廢止原開發許可,並副知區域計畫擬定機關。

屬中華民國92年3月28日本規則修正生效前免經區域計畫擬定機關審議,並達第十一條規定規模之山坡地開發許可案件,中央主管機關得委辦直轄市、縣(市)政府依前項規定辦理。

非都土管規則

第21-1條

☆☆☆

○check

開發許可或開發同意依前條規定廢止，或依第二十三條第一項規定失其效力者，其土地使用分區及使用地已完成變更異動登記者，依下列規定辦理：

一、未依核定開發計畫開始開發、或已開發尚未取得建造執照、或已取得建造執照尚未施工之土地，直轄市或縣(市)政府應依編定前土地使用性質辦理變更或恢復開發許可或開發同意前原土地使用分區及使用地類別。

二、已依核定開發計畫完成使用或已依建造執照施工尚未取得使用執照之土地，申請人應於廢止或失其效力之日起一年內重新申請使用分區或使用地變更。申請人於獲准開發許可前，直轄市或縣(市)政府得維持其土地使用分區與使用地類別，及開發許可或開發同意廢止或失其效力時之土地使用現狀。

申請人因故未能於前項第二款規定期限內申請土地使用分區或使

用地變更，於不影響公共安全者，得於期限屆滿前敘明理由向直轄市、縣(市)政府申請展期；展期期間每次不得超過1年，並以2次為限。

第一項第二款應重新申請之土地，逾期未重新申請使用分區或使用地變更，或經申請使用分區或使用地變更未獲准許可，或申請人以書面表示不再重新申請者，直轄市或縣(市)政府應依編定前土地使用性質辦理變更或恢復開發許可或開發同意前之土地使用分區及使用地類別。

依第十六條之一但書規定，先完成土地使用分區之異動登記者，因原經區域計畫擬定機關同意之土地使用分區變更計畫失其效力，或使用地變更編定計畫經區域計畫擬定機關不予許可，直轄市或縣(市)政府應依編定前土地使用性質辦理變更或恢復土地使用分區變更計畫同意前原土地使用分區類別。

第22條

★☆☆

○check

區域計畫擬定機關核發開發許可或開發同意後,申請人有下列各款情形之一,經目的事業主管機關認定未變更原核准興辦事業計畫之性質者,應依第十三條至第二十條規定之程序申請<u>變更開發計畫</u>:

一、<u>增、減</u>原經核准之開發計畫土地涵蓋<u>範圍</u>。

二、<u>增加</u>全區土地使用強度或建築<u>高度</u>。

三、變更原開發計畫核准之<u>主要公共設施</u>、公用設備或必要性服務設施。

四、原核准開發計畫土地使用配置變更之面積已達原核准開發面積<u>1/2</u>或<u>大於2公頃</u>。

五、增加使用項目與原核准開發計畫之主要使用項目顯有差異,影響開發範圍內其他使用之<u>相容性或品質</u>。

六、<u>變更原開發許可</u>或開發同意函之附款。

七、<u>變更開發計畫內容</u>,依相關審議作業規範規定,屬情況特殊或規定之例外情形應由

區域計畫委員會審議。

前項以外之變更事項，申請人應製作變更內容對照表送請直轄市或縣(市)政府，經目的事業主管機關認定未變更原核准興辦事業計畫之性質，由直轄市或縣(市)政府予以備查後通知申請人，並副知目的事業主管機關及區域計畫擬定機關。但經直轄市、縣(市)政府認定有前項各款情形之一或經目的事業主管機關認定變更原核准興辦事業計畫之性質者，直轄市或縣(市)政府應通知申請人依前項或第二十二條之二規定辦理。

因政府依法徵收、撥用或協議價購土地，致減少原經核准之開發計畫土地涵蓋範圍，而有第一項第三款所列情形，於不影響基地開發之保育、保安、防災並經專業技師簽證及不妨礙原核准開發許可或開發同意之主要公共設施、公用設備或必要性服務設施之正常功能，得準用前項規定辦理。

依原獎勵投資條例編定之工業區，申請人變更原核准計畫，未涉及原工業區興辦目的性質之變更者，由工業主管機關辦理審查，免徵得區域計畫擬定機關同意。

依第一項及第三項規定應申請變更開發計畫或製作變更內容對照表備查之認定原則如附表二之二📖。

第22-1條
☆☆☆
○check

申請人依前條規定申請變更開發計畫，符合下列情形之一者，區域計畫擬定機關得委辦直轄市、縣(市)政府審議許可：

一、中華民國92年3月28日本規則修正生效前免經區域計畫擬定機關審議，並達第十一條規定規模之山坡地開發許可案件。

二、依本法施行細則第十八條第二項規定，區域計畫擬定機關委辦直轄市、縣(市)政府審議核定案件。

三、原經區域計畫擬定機關核發開發許可或開發同意之案件，且變更開發計畫無下列情形：

(一) 坐落土地跨越二個以上直轄市或縣(市)行政區域。

(二) 屬填海造地案件。

(三) 前條第一項第六款或第七款規定情形。

第22-2條
☆☆☆
○check

經區域計畫擬定機關核發開發許可、開發同意或依原獎勵投資條例編定之案件，變更原經目的事業主管機關核准之興辦事業計畫性質且面積達第十一條規模者，申請人應依本章規定程序重新申請使用分區變更。

前項面積未達第十一條規模者，申請人應依第四章規定申請使用地變更編定。

前二項除依原獎勵投資條例編定之案件外，其原許可或同意之開發計畫未涉及興辦事業計畫性質變更部分，應依第二十二條規定辦理變更；興辦事業計畫性質變更涉及全部基地範圍，原許可或同意之開發計畫，應依第二十一條規定辦理廢止。

第一項或第二項之變更及前項變更開發計畫或廢止原許可或同意

之程序，得併同辦理，免依第二十一條之一第一項規定辦理。

第一項及第二項之變更，涉及其他法令規定開發所需最小規模者，並應符合各該法令之規定。

經變更後興辦事業之目的事業主管機關認定第一項興辦事業計畫性質之變更，係因公有土地權屬或管理機關變更所致者，依第二十二條第二項規定辦理；涉及原許可或同意之廢止者，依第四項規定辦理。

第23條
★☆☆
〇check

申請人於獲准開發許可後，應依下列規定辦理；逾期未辦理者，區域計畫擬定機關原許可失其效力：

一、於收受開發許可通知之日起1年內，取得第十三條第一項第二款、第三款土地使用分區及使用地之異動登記及公共設施用地移轉之文件，並擬具水土保持計畫或整地排水計畫送請水土保持主管機關或直轄市、縣(市)政府審核。但開發案件因故未能

於期限內完成土地使用分區及使用地之異動登記、公共設施用地移轉及申請水土保持計畫或整地排水計畫審核者,得於期限屆滿前敘明理由向直轄市、縣(市)政府申請展期;展期期間每次不得超過1年,並以2次為限。

二、於收受開發許可通知之日起10年內,取得公共設施用地以外可建築用地使用執照或目的事業主管機關核准營運(業)之文件。但開發案件因故未能於期限內取得者,得於期限屆滿前提出展期計畫向直轄市、縣(市)政府申請核准後,於核准展期期限內取得之;展期計畫之期間不得超過5年,並以1次為限。

前項屬非山坡地範圍案件整地排水計畫之審查項目、變更、施工管理及相關申請書圖文件,由內政部定之。

申請人依第十三條第一項或第三項規定,將相關公共設施用地移

轉登記為該管直轄市、縣(市)有或鄉(鎮、市)有後，應依核定開發計畫所訂之公共設施分期計畫，於申請建築物之使用執照前完成公共設施興建，並經直轄市或縣(市)政府查驗合格，移轉予該管直轄市、縣(市)有或鄉(鎮、市)有。但公共設施之捐贈及完成時間，其他法令另有規定者，從其規定。

前項應移轉登記為鄉(鎮、市)有之公共設施，鄉(鎮、市)公所應派員會同查驗。

第23-1條
☆☆☆
○check

中華民國105年11月30日本規則修正生效前經區域計畫擬定機關許可或同意之開發案件，未依下列各款規定之一辦理者，應依前條第一項、第三項及第四項規定辦理：

一、依90年3月28日本規則修正生效之前條規定，申請雜項執照或水土保持施工許可。

二、依99年4月30日本規則修正生效之前條規定，申請水土保持施工許可證或整地排水計畫施工許可證。

三、 依102年9月21日本規則修正生效之前條規定，申請水土保持計畫或整地排水計畫。

已依前項各款規定之一申請，尚未取得水土保持或整地排水完工證明文件者，應依前條第一項第二款、第三項及第四項規定辦理。

前二項計算前條第一項之期限，以中華民國105年11月30日本規則修正生效日為起始日。

第23-2條

★☆☆

○check

申請人應於核定整地排水計畫之日起<u>1年</u>內，申領<u>整地排水施工許可證</u>。

整地排水計畫需分期施工者，應於計畫中敘明各期施工之內容，並按期申領整地排水施工許可證。

整地排水施工許可證核發時，應同時核定施工期限或各期施工期限。

整地排水施工，因故未能於核定期限內完工時，應於期限屆滿前敘明事實及理由向直轄市、縣(市)政府申請展期。展期期間每次不得超過<u>6個月</u>，並以<u>2次</u>為限。但因天災或其他不應歸責於

申請人之事由，致無法施工者，得扣除實際無法施工期程天數。

未依第一項規定之期限申領整地排水施工許可證或未於第三項所定施工期限或前項展延期限內完工者，直轄市或縣(市)政府應廢止原核定整地排水計畫，如已核發整地排水施工許可證，應同時廢止。

第23-3條
☆☆☆
〇check

申請人獲准開發許可後，依水利法相關規定需辦理出流管制計畫者，免依第十三條第一項第四款、第二十三條第一項第一款、第二十三條之一第一項及前條整地排水相關規定辦理。

第24條　(本條刪除)

第25條　(本條刪除)

第26條
☆☆☆
〇check

申請人於非都市土地開發依相關法規規定應繳交開發影響費、捐贈土地、繳交回饋金或提撥一定年限之維護管理保證金時，應先完成捐贈之土地及公共設施用地之分割、移轉登記，並繳交開發影響費、回饋金或提撥一定年限

之維護管理保證金後，由直轄市或縣(市)政府函請土地登記機關辦理土地使用分區及使用地變更編定異動登記，並將核定事業計畫使用項目等資料，依相關規定程序登錄於土地參考資訊檔。

第四章 使用地變更編定

第27條
★☆☆
○check

土地使用分區內各種使用地，除依第三章規定辦理使用分區及使用地變更者外，應在<u>原使用分區範圍</u>內申請<u>變更編定</u>。

前項使用分區內各種使用地之變更編定原則，除本規則另有規定外，應依使用分區內各種使用地變更編定原則表如附表三辦理。

非都市土地變更編定執行要點，由內政部定之。

第二十七條附表三　使用分區內各種使用地變更編定原則表

使用地類別 ＼ 變更編定原則 ＼ 使用分區	特定農業區	一般農業區	鄉村區	工業區	森林區	山坡地保育區	風景區	河川區	特定專用區
甲種建築用地	×	×	×	×	×	×	×	×	×
乙種建築用地	×	×	+	×	×	×	×	×	×
丙種建築用地	×	×	×	×	×	×	×	×	×
丁種建築用地	×	×	×	+	×	×	×	×	×
農牧用地	+	+	+	+	+	+	+	+	+
林業用地	×	×	×	+	+	+	+	+	+
養殖用地	×	+	×	×	×	×	+	+	+
鹽業用地	×	×	×	×	×	×	×	×	+
礦業用地	+	+	×	×	+	+	+	+	+
窯業用地	×	×	×	+	×	×	×	×	+
交通用地	×	+	+	+	+	+	+	+	+
水利用地	+	+	+	+	+	+	+	+	+
遊憩用地	×	+	+	+	+	+	+	+	+
古蹟保存用地	+	+	+	+	+	+	+	+	+
生態保護用地	+	+	+	+	+	+	+	+	+
國土保安用地	+	+	+	+	+	+	+	+	+
殯葬用地	×	+	×	+	×	×	+	+	+
特定目的事業用地	+	+	+	+	×	+	+	+	+

說明：

一、「×」為不允許變更編定為該類使用地。但本規則另有規定者，得依其規定辦理。

二、「＋」為允許依本規則規定申請變更編定為該類使用地。

第28條

★☆☆

◯check

申請使用地變更編定，應檢附下列文件，向土地所在地直轄市或縣(市)政府申請核准，並依規定繳納規費：

一、 非都市土地變更編定申請書如附表四📖。

二、 興辦事業計畫核准文件。

三、 申請變更編定同意書。

四、 土地使用計畫配置圖及位置圖。

五、 其他有關文件。

下列申請案件免附前項第二款及第四款規定文件：

一、 符合第三十五條、第三十五條之一第一項第一款、第二款、第四款或第五款規定之零星或狹小土地。

二、 依第四十條規定已檢附需地機關核發之拆除通知書。

三、 鄉村區土地變更編定為乙種建築用地。

四、 變更編定為農牧、林業、國土保安或生態保護用地。

申請案件符合第三十五條之一第一項第三款者，免附第一項第二款規定文件。

申請人為土地所有權人者，免附第一項第三款規定之文件。

興辦事業計畫有第三十條第二項及第三項規定情形者，應檢附區域計畫擬定機關核發許可文件。其屬山坡地範圍內土地申請興辦事業計畫面積未達10公頃者，應檢附興辦事業計畫面積免受限制文件。

第29條
☆☆☆
◯check

申請人依相關法規規定應繳交回饋金或提撥一定年限之維護管理保證金者，直轄市或縣(市)政府應於核准變更編定時，通知申請人繳交；直轄市或縣(市)政府應於申請人繳交後，函請土地登記機關辦理變更編定異動登記。

第30條
☆☆☆
◯check

辦理非都市土地變更編定時，申請人應擬具興辦事業計畫。

前項興辦事業計畫如有第十一條或第十二條需辦理使用分區變更之情形者，應依第三章規定之程序及審議結果辦理。

第一項興辦事業計畫於原使用分區內申請使用地變更編定，或因變更原經目的事業主管機關核准

之興辦事業計畫性質，達第十一條規定規模，準用第三章有關土地使用分區變更規定程序辦理。

第一項興辦事業計畫除有前二項規定情形外，應報經直轄市或縣(市)目的事業主管機關之核准。直轄市或縣(市)目的事業主管機關於核准前，應先徵得變更前直轄市或縣(市)目的事業主管機關及有關機關同意。但依規定需向中央目的事業主管機關申請或徵得其同意者，應從其規定辦理。變更後目的事業主管機關為審查興辦事業計畫，得視實際需要，訂定審查作業要點。

申請人以前項經目的事業主管機關核准興辦事業計畫辦理使用地變更編定者，直轄市或縣(市)政府於核准變更編定時，應函請<u>土地登記機關</u>辦理異動登記，並將核定事業計畫使用項目等資料，依相關規定程序登錄於土地參考資訊檔。

依第四項規定申請變更編定之土地，其使用管制及開發建築，應依目的事業主管機關核准之<u>興辦</u>

<u>事業計畫</u>辦理，申請人不得逕依
第六條附表一🖺作為興辦事業計
畫以外之其他容許使用項目或許
可使用細目使用。

第30-1條 依前條規定擬具之興辦事業計畫
★☆☆ 不得位於區域計畫規定之<u>第一級</u>
○check <u>環境敏感地區</u>。但有下列情形之
一者，不在此限：

一、屬內政部會商中央目的事業
　　主管機關認定由政府興辦之
　　公共設施或公用事業，且經
　　各項第一級環境敏感地區之
　　中央法令規定之目的事業<u>主</u>
　　<u>管機關同意興辦</u>。

二、為<u>整體規劃需要</u>，不可避免
　　夾雜之零星土地符合第三十
　　條之二規定者，得納入範圍，
　　並應維持原地形地貌不得開
　　發使用。

三、依各項第一級環境敏感地區
　　之中央目的事業主管法令明
　　定得許可或同意開發。

四、屬<u>優良農地</u>，供農業生產及
　　其必要之產銷設施使用，經
　　農業主管機關認定符合農業
　　發展所需，且不影響農業生

產環境及農地需求總量。

五、位於<u>水庫集水區</u>(供家用或供公共給水)非屬與水資源保育直接相關之環境敏感地區範圍,且該水庫集水區經水庫管理機關(構)擬訂水庫集水區保育實施計畫,開發行為不影響該保育實施計畫之執行。

前項第五款與水資源保育直接相關之環境敏感地區範圍,為特定水土保持區、飲用水水源水質保護區或飲用水取水口一定距離之地區、水庫蓄水範圍、森林(國有林事業區、保安林、大專院校實驗林地及林業試驗林地等森林地區、區域計畫劃定之森林區)、地質敏感區(山崩與地滑)、山坡地(坡度30%以上)及優良農地之地區。

興辦事業計畫位於區域計畫規定之第一級環境敏感地區,且有第一項第五款情形者,應採低密度開發利用,目的事業主管機關審核其興辦事業計畫時,應參考下列事項:

一、 開發基地之土砂災害、水質污染、保水與逕流削減相關影響分析及因應措施。

二、 雨、廢(污)水分流、廢(污)水處理設施及水質監測設施之設置情形。

依第二十八條第二項或第三項規定免檢附興辦事業計畫核准文件之變更編定案件，除申請變更編定為農牧、林業、生態保護或國土保安用地外，準用第一項規定辦理。

第30-2條

★★☆
〇check

第三十條擬具之興辦事業計畫範圍內有夾雜第一級環境敏感地區之零星土地者，應符合下列各款情形，始得納入申請範圍：

一、 基於<u>整體開發規劃之需要</u>。

二、 夾雜地仍<u>維持原使用分區</u>及<u>原使用地類別</u>，或同意變更編定為國土保安用地。

三、 面積未超過基地開發面積之<u>10%</u>。

四、 擬定夾雜地之<u>管理維護措施</u>。

第30-3條

☆☆☆
○check

依第三十條規定擬具之興辦事業計畫位於第二級環境敏感地區者，應說明下列事項，並徵詢各項環境敏感地區之中央法令規定之目的事業主管機關意見：

一、就所屬環境敏感地區特性提出具體防範及補救措施，並不得違反各項環境敏感地區劃設所依據之中央目的事業法令之禁止或限制規定。

二、就所屬環境敏感地區特性規範土地使用種類及強度。

第30-4條

☆☆☆
○check

依第三十條擬具之興辦事業計畫位屬原住民保留地者，在不妨礙國土保安、環境資源保育、原住民生計及原住民行政之原則下，得為觀光遊憩、加油站、農產品集貨場倉儲設施、原住民文化保存、社會福利及其他經中央原住民族主管機關同意興辦之事業，不受第三十條之一規定之限制。

第30-5條

☆☆☆
○check

依第三十條規定擬具之興辦事業計畫位於優良農地者，於本規則中華民國107年3月21日修正生效前，已依法提出申請，並取得

農業用地變更使用同意文件，經目的事業主管機關徵詢農業主管機關確認維持同意之意見，得適用修正生效前之規定。

依第二十八條第二項或第三項規定免檢附興辦事業計畫核准文件之變更編定案件，除申請變更編定為農牧、林業、生態保護或國土保安用地外，準用前項規定辦理。

第30-6條
☆☆☆
○check

申請開發之基地位於原住民族特定區域計畫範圍者，依下列規定辦理：

一、該計畫劃設公告之水源保護區範圍，不適用第三十條之一第一項但書規定。

二、該計畫規定不受全國區域計畫第一級環境敏感地區不得辦理設施型使用地變更編定之限制，從其規定。

第31條
☆☆☆
○check

工業區以外之丁種建築用地或都市計畫工業區土地有下列情形之一而原使用地或都市計畫工業區內土地確已不敷使用，經依產業創新條例第六十五條規定，取得

直轄市或縣(市)工業主管機關核定發給之工業用地證明書者，得在其需用面積限度內以其毗連非都市土地申請變更編定為丁種建築用地：

一、 設置污染防治設備。

二、 直轄市或縣(市)工業主管機關認定之低污染事業有擴展工業需要。

前項第二款情形，興辦工業人應規劃變更土地總面積**10%**之土地作為綠地，辦理變更編定為國土保安用地，並依產業創新條例、農業發展條例相關規定繳交回饋金後，其餘土地始可變更編定為丁種建築用地。

依原促進產業升級條例第五十三條規定，已取得工業主管機關核定發給之工業用地證明書者，或依同條例第七十條之二第五項規定，取得經濟部核定發給之證明文件者，得在其需用面積限度內以其毗連非都市土地申請變更編定為丁種建築用地。

都市計畫工業區土地確已不敷使用，依第一項申請毗連非都市土地變更編定者，其建蔽率及容積

率，不得高於該都市計畫工業區土地之建蔽率及容積率。

直轄市或縣(市)工業主管機關應依第五十四條檢查是否依原核定計畫使用；如有違反使用，經直轄市或縣(市)工業主管機關廢止其擴展計畫之核定者，直轄市或縣(市)政府應函請土地登記機關恢復原編定，並通知土地所有權人。

第31-1條
★☆☆
○check

位於依工廠管理輔導法第三十三條第三項公告未達5公頃之特定地區內已補辦臨時工廠登記之低污染事業興辦產業人，經取得中央工業主管機關核准之整體規劃興辦事業計畫文件者，得於特定農業區以外之土地申請變更編定為丁種建築用地及適當使用地。

興辦產業人依前項規定擬具之興辦事業計畫，應規劃20%以上之土地作為公共設施，辦理變更編定為適當使用地，並由興辦產業人管理維護；其餘土地於公共設施興建完竣經勘驗合格後，依核定之土地使用計畫變更編定為丁種建築用地。

興辦產業人依前項規定，於區內規劃配置之公共設施無法與區外隔離者，得敘明理由，以區外之毗連土地，依農業發展條例相關規定，配置適當隔離綠帶，併同納入第一項之興辦事業計畫範圍，申請變更編定為國土保安用地。

第一項特定地區外已補辦臨時工廠登記或列管之低污染事業興辦產業人，經取得直轄市或縣(市)工業主管機關輔導進駐核准文件，得併同納入第一項興辦事業計畫範圍，申請使用地變更編定。

直轄市或縣(市)政府受理變更編定案件，除位屬山坡地範圍者依第四十九條之一規定辦理外，應組專案小組審查下列事項後予以准駁：

一、符合第三十條之一至第三十條之三規定。

二、依非都市土地變更編定執行要點規定所定查詢項目之查詢結果。

三、依非都市土地變更編定執行要點規定辦理審查後，各單位意見有爭議部分。

四、 農業用地經農業主管機關同意變更使用。

五、 水污染防治措施經環境保護主管機關許可。

六、 符合環境影響評估相關法令規定。

七、 不妨礙周邊自然景觀。

依第一項規定申請使用地變更編定者，就第一項特定地區外之土地，不得再依前條規定申請變更編定。

第31-2條

★☆☆
○check

位於依工廠管理輔導法第三十三條第三項公告未達5公頃之特定地區內已補辦臨時工廠登記之低污染事業興辦產業人，經中央工業主管機關審認無法依前條規定辦理整體規劃，並取得直轄市或縣(市)工業主管機關核准興辦事業計畫文件者，得於特定農業區以外之土地申請變更編定為丁種建築用地及適當使用地。

興辦產業人依前項規定申請變更編定者，應規劃**30%**以上之土地作為<u>隔離綠帶</u>或設施，其中**10%**之土地作為<u>綠地</u>，變更編定為<u>國土保安用地</u>，並由興辦產業人管

理維護；其餘土地依核定之土地使用計畫變更編定為<u>丁種建築用地</u>。

興辦產業人無法依前項規定，於區內規劃配置隔離綠帶或設施者，得敘明理由，以區外之毗連土地，依農業發展條例相關規定，配置適當隔離綠帶，併同納入第一項興辦事業計畫範圍，申請變更編定為國土保安用地。

第一項特定地區外經已補辦臨時工廠登記之低污染事業興辦產業人，經取得直轄市或縣(市)工業主管機關輔導進駐核准文件及直轄市或縣(市)工業主管機關核准之興辦事業計畫文件者，得申請使用地變更編定。

直轄市或縣(市)政府受理變更編定案件，準用前條第五項規定辦理審查。

依第一項規定申請使用地變更編定者，就第一項特定地區外之土地，不得再依第三十一條規定申請變更編定。

第32條
☆☆☆
○check

工業區以外位於依法核准設廠用地範圍內，為丁種建築用地所包圍或夾雜土地，經工業主管機關審查認定得合併供工業使用者，得申請變更編定為丁種建築用地。

第33條
☆☆☆
○check

工業區以外為原編定公告之丁種建築用地所包圍或夾雜土地，其面積未達2公頃，經工業主管機關審查認定適宜作低污染、附加產值高之投資事業者，得申請變更編定為丁種建築用地。

工業主管機關應依第五十四條檢查是否依原核定計畫使用；如有違反使用，經工業主管機關廢止其事業計畫之核定者，直轄市或縣(市)政府應函請土地登記機關恢復原編定，並通知土地所有權人。

第34條
★☆☆
○check

一般農業區、山坡地保育區及特定專用區內取土部分以外之窯業用地，經領有工廠登記證者，經工業主管機關審查認定得供工業使用者，得申請變更編定為丁種建築用地。

第35條

★☆☆

○check

毗鄰甲種、丙種建築用地或已作國民住宅、勞工住宅、政府專案計畫興建住宅特定目的事業用地之零星或狹小土地，合於下列各款規定之一者，得按其毗鄰土地申請變更編定為甲種、丙種建築用地：

一、為各種建築用地、建築使用之特定目的事業用地或都市計畫住宅區、商業區、工業區所包圍，且其面積未超過 0.12 公頃。

二、道路、水溝所包圍或為道路、水溝及各種建築用地、建築使用之特定目的事業用地所包圍，且其面積未超過 0.12 公頃。

三、凹入各種建築用地或建築使用之特定目的事業用地，其面積未超過 0.12 公頃，且缺口寬度未超過 20 公尺。

四、對邊為各種建築用地、作建築使用之特定目的事業用地、都市計畫住宅區、商業區、工業區或道路、水溝等，所夾狹長之土地，其平均寬

度未超過10公尺，於變更後
不致妨礙鄰近農業生產環境。
五、 面積未超過0.012公頃，且鄰
接無相同使用地類別。
前項第一款至第三款、第五款土
地面積因地形坵塊完整需要，得
為10%以內之增加。
第一項道路或水溝之平均寬度應
為4公尺以上，道路、水溝相毗
鄰者，得合併計算其寬度。但有
下列情形之一，經直轄市或縣
(市)政府認定已達隔絕效果者，
其寬度不受限制：
一、 道路、水溝之一與建築用地
或建築使用之特定目的事業
用地相毗鄰。
二、 道路、水溝相毗鄰後，再毗
鄰建築用地或建築使用之特
定目的事業用地。
三、 道路、水溝之一或道路、水
溝相毗鄰後，與再毗鄰土地
間因自然地勢有明顯落差，
無法合併整體利用，且於變
更後不致妨礙鄰近農業生產
環境。
第一項及前項道路、水溝及各種
建築用地或建築使用之特定目的

事業用地，指於中華民國78年4月3日臺灣省非都市零星地變更編定認定基準頒行前，經編定或變更編定為交通用地、水利用地及各該種建築用地、特定目的事業用地，或實際已作道路、水溝之未登記土地者。但政府規劃興建之道路、水溝或建築使用之特定目的事業用地及具公用地役關係之既成道路，不受前段時間之限制。

符合第一項各款規定有數筆土地者，土地所有權人個別申請變更編定時，應檢附周圍相關土地地籍圖簿資料，直轄市或縣(市)政府應就整體加以認定後核准之。

第一項建築使用之特定目的事業用地，限於作非農業使用之特定目的事業用地，經直轄市或縣(市)政府認定可核發建照者。

第一項土地於山坡地範圍外之農業區者，變更編定為甲種建築用地；於山坡地保育區、風景區及山坡地範圍內之農業區者，變更編定為丙種建築用地。

第35-1條

★☆☆
〇check

非都市土地鄉村區邊緣畸零不整且未依法禁、限建，並經直轄市或縣(市)政府認定非作為隔離必要之土地，合於下列各款規定之一者，得在原使用分區內申請變更編定為建築用地：

一、毗鄰鄉村區之土地，外圍有道路、水溝或各種建築用地、作建築使用之特定目的事業用地、都市計畫住宅區、商業區、工業區等隔絕，面積在 **0.12** 公頃以下。

二、凹入鄉村區之土地，3面連接鄉村區，面積在 **0.12** 公頃以下。

三、凹入鄉村區之土地，外圍有道路、水溝、機關、學校、軍事等用地隔絕，或其他經直轄市或縣(市)政府認定具明顯隔絕之自然界線，面積在 **0.5** 公頃以下。

四、毗鄰鄉村區之土地，對邊為各種建築用地、作建築使用之特定目的事業用地、都市計畫住宅區、商業區、工業區或道路、水溝等，所夾狹

長之土地，其平均寬度未超過<u>10公尺</u>，於變更後不致妨礙鄰近農業生產環境。

五、面積未超過<u>0.012公頃</u>，且鄰接無相同使用地類別。

前項第一款、第二款及第五款土地面積因地形坵塊完整需要，得為<u>10%</u>以內之增加。

第一項道路、水溝及其寬度、各種建築用地、作建築使用之特定目的事業用地之認定依前條第三項、第四項及第六項規定辦理。

符合第一項各款規定有數筆土地者，土地所有權人個別申請變更編定時，依前條第五項規定辦理。

直轄市或縣(市)政府於審查第一項各款規定時，得提報該直轄市或縣(市)非都市土地使用編定審議小組審議後予以准駁。

第一項土地於山坡地範圍外之農業區者，變更編定為<u>甲種建築用地</u>；於山坡地保育區、風景區及山坡地範圍內之農業區者，變更編定為<u>丙種建築用地</u>。

第36條
☆☆☆
○check

特定農業區內土地供道路使用者，得申請變更編定為<u>交通用地</u>。

第37條
☆☆☆
○check

已依目的事業主管機關核定計畫編定或變更編定之各種使用地，於該事業計畫廢止或依法失其效力者，各該目的事業主管機關應通知當地直轄市或縣(市)政府。

直轄市或縣(市)政府於接到前項通知後，應即依下列規定辦理，並通知土地所有權人：

一、已依核定計畫完成使用者，除依法提出申請變更編定外，應維持其使用地類別。

二、已依核定計畫開發尚未完成使用者，其已依法建築之土地，除依法提出申請變更編定外，應維持其使用地類別，其他土地依編定前土地使用性質或變更編定前原使用地類別辦理變更編定。

三、尚未依核定計畫開始開發者，依編定前土地使用性質或變更編定前原使用地類別辦理變更編定。

第38條　（刪除）
　〜
第39條　（刪除）

第40條　政府因興辦公共工程，其工程用
☆☆☆　地範圍內非都市土地之甲種、乙
○check　種或丙種建築用地因徵收或撥用
　　　　被拆除地上合法住宅使用之建築
　　　　物，致其剩餘建築用地畸零狹小，
　　　　未達畸零地使用規則規定之最小
　　　　建築單位面積，除有下列情形之
　　　　一者外，被徵收土地所有權人或
　　　　公地管理機關得申請將毗鄰土地
　　　　變更編定，其面積以依畸零地使
　　　　用規則規定之最小單位面積扣除
　　　　剩餘建築用地面積為限：
　　　一、已依本規則中華民國102年9
　　　　　月21日修正生效前第三十八
　　　　　條規定申請自有土地變更編
　　　　　定。
　　　二、需地機關有安遷計畫。
　　　三、毗鄰土地屬交通用地、水利
　　　　　用地、古蹟保存用地、生態
　　　　　保護用地、國土保安用地或
　　　　　工業區、河川區、森林區內
　　　　　土地。

非都土管規則

四、建築物與其基地非屬同一所
　　有權人者。但因繼承、三親
　　等內之贈與致建築物與其基
　　地非屬同一所有權人者，或
　　建築物與其基地之所有權人
　　為直系血親者，不在此限。

前項土地於山坡地範圍外之農業
區者，變更編定為甲種建築用地；
於山坡地保育區、風景區及山坡
地範圍內之農業區者，變更編定
為丙種建築用地。

第41條
☆☆☆
○check
農業主管機關專案輔導之農業計
畫所需使用地，得申請變更編定
為特定目的事業用地。

第42條
☆☆☆
○check
政府興建住宅計畫或徵收土地拆
遷戶住宅安置計畫經各該目的事
業上級主管機關核定者，得依其
核定計畫內容之土地使用性質，
申請變更編定為適當使用地；其
於農業區供住宅使用者，變更編
定為甲種建築用地。

前項核定計畫附有條件者，應於
條件成就後始得辦理變更編定。

第42-1條
☆☆☆
○check

政府或經政府認可之民間單位為辦理安置災區災民所需之土地，經直轄市或縣(市)政府建築管理、環境影響評估、水土保持、原住民、水利、農業、地政等單位及有關專業人員會勘認定安全無虞，且無其他法律禁止或限制事項者，得依其核定計畫內容之土地使用性質，申請變更編定為適當使用地。於山坡地範圍外之農業區者，變更編定為甲種建築用地；於山坡地保育區、風景區及山坡地範圍內之農業區者，變更編定為丙種建築用地。

第43條
☆☆☆
○check

特定農業區、森林區內公立公墓之更新計畫經主管機關核准者，得依其核定計畫申請變更編定為殯葬用地。

第44條
☆☆☆
○check

依本規則申請變更編定為遊憩用地者，依下列規定辦理：
一、申請人應依其事業計畫設置必要之保育綠地及公共設施；其設置之保育綠地不得少於變更編定面積**30%**。但風景區內土地，於本規則中華民

國93年6月17日修正生效前，已依中央目的事業主管機關報奉行政院核定方案申請辦理輔導合法化，其保育綠地設置另有規定者，不在此限。

二、申請變更編定之使用地，前款保育綠地變更編定為國土保安用地，由申請開發人或土地所有權人管理維護，不得再申請開發或列為其他開發案之基地；其餘土地於公共設施興建完竣經勘驗合格後，依核定之土地使用計畫，變更編定為適當使用地。

第44-1條 (刪除)

第44-2條 (刪除)

第45條
☆☆☆
○check
申請於離島、原住民保留地地區之農牧用地、養殖或林業用地住宅興建計畫，應以其自有土地，並符合下列條件，經直轄市或縣(市)政府依第三十條核准者，得依其核定計畫內容之土地使用性質，申請變更編定為適當使用地，並以1次為限：

一、離島地區之申請人及其配偶、同一戶內未成年子女均無自用住宅或未曾依特殊地區非都市土地使用管制規定申請變更編定經核准，且申請人戶籍登記滿2年經提出證明文件。

二、原住民保留地地區之申請人，除應符合前款條件外，並應具原住民身分且未依第四十六條取得政府興建住宅。

三、住宅興建計畫建築基地面積不得超過330平方公尺。

前項土地於山坡地範圍外之農業區者，變更編定為甲種建築用地；於山坡地保育區、風景區及山坡地範圍內之農業區者，變更編定為丙種建築用地。

符合第一項規定之原住民保留地位屬森林區範圍內者，得申請變更編定為丙種建築用地。

第46條
☆☆☆
○check

原住民保留地地區住宅興建計畫，由鄉(鎮、市、區)公所整體規劃，經直轄市或縣(市)政府依第三十條核准者，得依其核定計

畫內容之土地使用性質，申請變更編定為適當使用地。於山坡地範圍外之農業區者，變更編定為甲種建築用地；於森林區、山坡地保育區、風景區及山坡地範圍內之農業區者，變更編定為丙種建築用地。

第46-1條

☆☆☆

○check

鄉(鎮、市、區)公所得就原住民保留地毗鄰使用分區更正後為鄉村區，且於本規則中華民國108年2月16日修正生效前，實際已作住宅使用者，依下列規定擬具興辦事業計畫，報請直轄市或縣(市)政府依第三十條規定核准：

一、計畫範圍界線應符合本法施行細則第十二條第二項規定情形之一且地形坵塊完整。

二、現有巷道具有維持供交通使用功能者，得一併納入計畫範圍。

三、供建築使用之小型公共設施用地，於生活機能上屬於部落生活圈範圍者，得一併納入計畫範圍。

四、其他考量合理實際需要，經中央原住民族主管機關會商

　　　　　　區域計畫擬定機關及國土計
　　　　　　畫主管機關同意之範圍。
前項核准之興辦事業計畫，得依
其核定計畫內容之土地使用性
質，申請變更編定為適當使用地。
於山坡地範圍外之農業區者，變
更編定為甲種建築用地；於森林
區、山坡地保育區、風景區及山
坡地範圍內之農業區者，變更編
定為丙種建築用地。

第47條
☆☆☆
○check

非都市土地經核准提供政府設置
廢棄物清除處理設施或營建剩餘
土石方資源堆置處理場，其興辦
事業計畫應包括<u>再利用計畫</u>，並
應經各該目的事業主管機關會同
有關機關審查核定；於使用完成
後，得依其再利用計畫按區域計
畫法相關規定申請變更編定為適
當使用地。
再利用計畫經修正，依前項規定
之程序辦理。

第48條
☆☆☆
○check

山坡地範圍內各使用分區土地申
請變更編定，屬依水土保持法相
關規定應擬具<u>水土保持計畫</u>者，
應檢附水土保持機關核發之水土

保持完工證明書，並依其開發計畫之土地使用性質，申請變更編定為允許之使用地。但有下列情形之一者，不在此限：

一、甲種、乙種、丙種、丁種建築用地依本規則申請變更編定為其他種建築用地。

二、徵收、撥用或依土地徵收條例第三條規定得徵收之事業，以協議價購或其他方式取得，一併辦理變更編定。

三、國營公用事業報經目的事業主管機關許可興辦之事業，以協議價購、專案讓售或其他方式取得。

四、經直轄市或縣(市)政府認定水土保持計畫工程需與建築物一併施工。

五、經水土保持主管機關認定無法於申請變更編定時核發。

依前項但書規定辦理變更編定者，應於開發建設時，依核定<u>水土保持計畫</u>內容完成必要之水土保持處理及維護。

第49條　（刪除）

第49-1條

★☆☆

○check

直轄市或縣(市)政府受理變更編定案件時,除有下列情形之一者外,應組專案小組審查:

一、 第二十八條第二項免擬具興辦事業計畫情形之一。

二、 非屬山坡地變更編定案件。

三、 經區域計畫委員會審議通過案件。

四、 第四十八條第一項第二款、第三款情形之一。

專案小組審查山坡地變更編定案件時,其興辦事業計畫範圍內土地,經依建築相關法令認定有下列各款情形之一者,不得規劃作建築使用:

一、 坡度陡峭。

二、 地質結構不良、地層破碎、活動斷層或順向坡有滑動之虞。

三、 現有礦場、廢土堆、坑道,及其周圍有危害安全之虞。

四、 河岸侵蝕或向源侵蝕有危及基地安全之虞。

五、 有崩塌或洪患之虞。

六、 依其他法律規定不得建築。

第50條

☆☆☆

○check

直轄市或縣(市)政府審查申請變更編定案件認為有下列情形之一者,應通知申請人修正申請變更編定範圍:

一、 變更使用後影響鄰近土地使用者。

二、 造成土地之細碎分割者。

第51條

☆☆☆

○check

直轄市或縣(市)政府於核准變更編定案件並通知申請人時,應同時副知變更前、後目的事業主管機關。

（第）（五）（章）附則

第52條 (刪除)

第52-1條

☆☆☆

○check

申請人擬具之興辦事業計畫土地位屬山坡地範圍內者,其面積不得少於10公頃。但有下列情形之一者,不在此限:

一、 依第六條規定容許使用。

二、 依第三十一條至第三十五條之一、第四十條、第四十二條之一、第四十五條、第四十六條及第四十六條之一規定辦理。

3-62

三、興闢公共設施、公用事業、慈善、社會福利、醫療保健、教育文化事業或其他公共建設所必要之設施，經依中央目的事業主管機關訂定之審議規範核准。

四、屬地方需要並經中央農業主管機關專案輔導設置之政策性或公用性農業產銷設施。

五、申請開發遊憩設施之土地面積達 5 公頃以上。

六、風景區內土地供遊憩設施使用，經中央目的事業主管機關基於觀光產業發展需要，會商有關機關研擬方案報奉行政院核定。

七、辦理農村社區土地重劃。

八、國防設施。

九、依其他法律規定得為建築使用。

第53條
☆☆☆
○check

非都市土地之建築管理，應依實施區域計畫地區建築管理辦法及相關法規之規定為之；其在山坡地範圍內者，並應依山坡地建築管理辦法之規定為之。

第54條
☆☆☆
○check

非都市土地依目的事業主管機關核定事業計畫編定或變更編定、或經目的事業主管機關同意使用者，由目的事業主管機關檢查是否依原核定計畫使用；其有違反使用者，應函請直轄市或縣(市)聯合取締小組依相關規定處理，並通知<u>土地所有權人</u>。

第55條
☆☆☆
○check

違反本規則規定同時違反其他特別法令規定者，由各該法令主管機關會同地政機關處理。

第56條
(刪除)

第57條
☆☆☆
○check

特定農業區或一般農業區內之丁種建築用地或取土部分以外之窯業用地，已依本規則中華民國82年11月7日修正發布生效前第十四條規定，向工業主管機關或窯業主管機關申請同意變更作非工業或非窯業用地使用，或向直轄市或縣(市)政府申請變更編定為甲種建築用地而其處理程序尚未終結之案件，得從其規定繼續辦理。

前項經工業主管機關或窯業主管機關同意變更作非工業或非窯業

用地使用者，應於中華民國83年12月31日以前，向直轄市或縣(市)政府提出申請變更編定，逾期不再受理。

直轄市或縣(市)政府受理前二項申請案件，經審查需補正者，應於本規則中華民國90年3月26日修正發布生效後，通知申請人於收受送達之日起6個月內補正，逾期未補正者，應駁回原申請，並不得再受理。

第58條
☆☆☆
○check

申請人依第三十四條或前條辦理變更編定時，其擬具之興辦事業計畫範圍內，有為變更前之窯業用地或丁種建築用地所包圍或夾雜之土地，面積合計小於1公頃，且不超過興辦事業計畫範圍總面積1/10，得併同提出申請。

第59條
☆☆☆
○check

本規則自發布日施行。

第四章

都市更新條例

民國110年05月28日

第 一 章 總則

第1條
★☆☆
○check

為促進都市土地有計畫之再開發利用，復甦都市機能，改善居住環境與景觀，增進公共利益，特制定本條例。

第2條
☆☆☆
○check

本條例所稱主管機關：在中央為內政部；在直轄市為直轄市政府；在縣(市)為縣(市)政府。

第3條
★★★
○check

本條例用詞，定義如下：

一、 都市更新：指依本條例所定程序，在都市計畫範圍內，實施重建、整建或維護措施。

二、 更新地區：指依本條例或都市計畫法規定程序，於都市計畫特定範圍內劃定或變更應進行都市更新之地區。

三、 都市更新計畫：指依本條例

規定程序，載明更新地區應遵循事項，作為擬訂都市更新事業計畫之指導。

四、都市更新事業：指依本條例規定，在更新單元內實施重建、整建或維護事業。

五、更新單元：指可單獨實施都市更新事業之範圍。

六、實施者：指依本條例規定實施都市更新事業之政府機關(構)、專責法人或機構、都市更新會、都市更新事業機構。

七、權利變換：指更新單元內重建區段之土地所有權人、合法建築物所有權人、他項權利人、實施者或與實施者協議出資之人，提供土地、建築物、他項權利或資金，參與或實施都市更新事業，於都市更新事業計畫實施完成後，按其更新前權利價值比率及提供資金額度，分配更新後土地、建築物或權利金。

第4條
★★★
◯check

都市更新處理方式，分為下列三種：

一、重建：指拆除更新單元內原有建築物，重新建築，住戶安置，改進公共設施，並得變更土地使用性質或使用密度。

二、整建：指改建、修建更新單元內建築物或充實其設備，並改進公共設施。

三、維護：指加強更新單元內土地使用及建築管理，改進公共設施，以保持其良好狀況。

都市更新事業得以前項二種以上處理方式辦理之。

第二章 更新地區之劃定

第5條
☆☆☆
◯check

直轄市、縣(市)主管機關應就都市之發展狀況、居民意願、原有社會、經濟關係、人文特色及整體景觀，進行全面調查及評估，並視實際情況劃定更新地區、訂定或變更都市更新計畫。

第6條
★★☆
◯check

有下列各款情形之一者，直轄市、縣(市)主管機關得優先劃定或變更為更新地區並訂定或變更都市

更新計畫：

一、 建築物窳陋且非防火構造或鄰棟間隔不足，有<u>妨害公共安全</u>之虞。

二、 建築物因年代久遠有傾頹或朽壞之虞、建築物排列不良或道路彎曲狹小，足以<u>妨害公共交通</u>或公共安全。

三、 建築物未符合都市應有之機能。

四、 建築物未能與<u>重大建設</u>配合。

五、 具有<u>歷史</u>、<u>文化</u>、<u>藝術</u>、<u>紀念價值</u>，亟須辦理<u>保存維護</u>，或其周邊建築物未能與之配合者。

六、 居住環境惡劣，足以<u>妨害公共衛生</u>或社會治安。

七、 經偵檢確定遭受<u>放射性污染</u>之建築物。

八、 特種工業設施有<u>妨害公共安全</u>之虞。

第7條
☆☆☆
○check

有下列各款情形之一時，直轄市、縣(市)主管機關應視實際情況，迅行劃定或變更更新地區，並視實際需要訂定或變更都市更新計畫：

一、因戰爭、地震、火災、水災、風災或其他<u>重大事變</u>遭受損壞。

二、為<u>避免重大災害</u>之發生。

三、符合都市危險及老舊建築物加速重建條例第三條第一項第一款、第二款規定之建築物。

前項更新地區之劃定、變更或都市更新計畫之訂定、變更，中央主管機關得指定該管直轄市、縣(市)主管機關限期為之，必要時並得逕為辦理。

第8條
☆☆☆
○check

有下列各款情形之一時，各級主管機關得視實際需要，劃定或變更策略性更新地區，並訂定或變更都市更新計畫：

一、位於鐵路場站、捷運場站或航空站一定範圍內。

二、位於都會區水岸、港灣周邊適合高度再開發地區者。

三、基於都市防災必要，需整體辦理都市更新者。

四、其他配合重大發展建設需要辦理都市更新者。

第9條

★☆☆
○check

更新地區之劃定或變更及都市更新計畫之訂定或變更，未涉及都市計畫之擬定或變更者，準用都市計畫法有關細部計畫規定程序辦理；其涉及都市計畫主要計畫或細部計畫之擬定或變更者，依都市計畫法規定程序辦理，主要計畫或細部計畫得一併辦理擬定或變更。

全區採整建或維護方式處理，或依第七條規定劃定或變更之更新地區，其更新地區之劃定或變更及都市更新計畫之訂定或變更，得逕由各級主管機關公告實施之，免依前項規定辦理。

第一項都市更新計畫應表明下列事項，作為擬訂都市更新事業計畫之指導：

一、更新地區範圍。
二、基本目標與策略。
三、實質再發展概要：
　　(一) 土地利用計畫構想。
　　(二) 公共設施改善計畫構想。
　　(三) 交通運輸系統構想。
　　(四) 防災、救災空間構想。

四、<u>其他</u>應表明事項。

依第八條劃定或變更策略性更新地區之都市更新計畫，除前項應表明事項外，並應表明下列事項：

一、劃定之必要性與<u>預期效益</u>。

二、都市計畫檢討構想。

三、<u>財務計畫</u>概要。

四、<u>開發實施</u>構想。

五、計畫年期及<u>實施進度</u>構想。

六、相關單位配合辦理事項。

第10條
☆☆☆
○check

有第六條或第七條之情形時，土地及合法建築物所有權人得向直轄市、縣(市)主管機關提議劃定更新地區。

直轄市、縣(市)主管機關受理前項提議，應依下列情形分別處理，必要時得通知提議人陳述意見：

一、無劃定必要者，附述理由通知原提議者。

二、有劃定必要者，依第九條規定程序辦理。

第一項提議應符合要件及應檢附之文件，由當地直轄市、縣(市)主管機關定之。

第三章 政府主導都市更新

第11條
☆☆☆
○check

各級主管機關得成立<u>都市更新推動小組</u>，督導、推動都市更新政策及協調政府主導都市更新業務。

第12條
☆☆☆
○check

經劃定或變更應實施更新之地區，除本條例另有規定外，直轄市、縣(市)主管機關得採下列方式之一，免擬具事業概要，並依第三十二條規定，實施都市更新事業：

一、自行實施或經公開評選委託都市更新事業機構為實施者實施。

二、同意其他機關(構)自行實施或經公開評選委託都市更新事業機構為實施者實施。

依第七條第一項規定劃定或變更之更新地區，得由直轄市、縣(市)主管機關合併數相鄰或不相鄰之更新單元後，依前項規定方式實施都市更新事業。

依第七條第二項或第八條規定由中央主管機關劃定或變更之更新地區，其都市更新事業之實施，

中央主管機關得準用前二項規定辦理。

第13條
☆☆☆
○check

前條所定公開評選實施者，應由各級主管機關、其他機關(構)擔任主辦機關，公告徵求都市更新事業機構申請，並組成評選會依公平、公正、公開原則審核；其公開評選之公告申請與審核程序、評選會之組織與評審及其他相關事項之辦法，由中央主管機關定之。

主辦機關依前項公告徵求都市更新事業機構申請前，應於擬實施都市更新事業之地區，舉行說明會。

第14條
★☆☆
○check

參與都市更新公開評選之申請人對於申請及審核程序，認有違反本條例及相關法令，致損害其權利或利益者，得於下列期限內，以書面向主辦機關提出異議：

一、 對公告徵求都市更新事業機構申請文件規定提出異議者，為自公告之次日起至截止申請日之**2/3**；其尾數不足1日者，以1日計。但不得少

於10日。

二、對申請及審核之過程、決定或結果提出異議者，為接獲主辦機關通知或公告之次日起30日；其過程、決定或結果未經通知或公告者，為知悉或可得知悉之次日起30日。

主辦機關應自收受異議之次日起15日內為適當之處理，並將處理結果以書面通知異議人。異議處理結果涉及變更或補充公告徵求都市更新事業機構申請文件者，應另行公告，並視需要延長公開評選之申請期限。

申請人對於異議處理結果不服，或主辦機關逾期不為處理者，得於收受異議處理結果或期限屆滿次日起15日內，以書面向主管機關提出申訴，同時繕具副本連同相關文件送主辦機關。

申請與審核程序之異議及申訴處理規則，由中央主管機關定之。

第15條
☆☆☆
○check

都市更新公開評選申請及審核程序之爭議申訴，依主辦機關屬中央或地方機關(構)，分別由中央

或直轄市、縣(市)主管機關設<u>都市更新公開評選申訴審議會</u>(以下簡稱都更評選申訴會)處理。

都更評選申訴會由各級主管機關聘請具有法律或都市更新專門知識之人員擔任，並得由各級主管機關高級人員派兼之；其組成、人數、任期、酬勞、運作及其他相關事項之辦法，由中央主管機關定之。

第16條
★☆☆
○check

申訴人誤向該管都更評選申訴會以外之機關申訴者，以該機關收受日，視為提起申訴之日。

前項收受申訴書之機關應於收受日之次日起**3日**內，將申訴書移送於該管都更評選申訴會，並通知申訴人。

都更評選申訴會應於收受申訴書之次日起**2個月**內完成審議，並將判斷以書面通知申訴人及主辦機關；必要時，得延長1個月。

第17條
☆☆☆
○check

申訴逾法定期間或不合法定程序者，不予受理。但其情形得予補正者，應定期間命其補正；屆期不補正者，不予受理。

申訴提出後，申請人得於審議判斷送達前撤回之。申訴經撤回後，不得再提出同一之申訴。

第18條
☆☆☆
◯check

申訴以<u>書面審議</u>為原則。

都更評選申訴會得依職權或申請，通知申訴人、主辦機關到指定場所陳述意見。

都更評選申訴會於審議時，得囑託具專門知識經驗之機關、學校、團體或人員鑑定，<u>並得通知相關人士說明</u>或請主辦機關、申訴人提供相關文件、資料。

都更評選申訴會辦理審議，得先行向申訴人收取審議費、鑑定費及其他必要之費用；其收費標準及繳納方式，由中央主管機關定之。

第19條
★☆☆
◯check

申請人提出異議或申訴，主辦機關認其異議或申訴有理由者，應自行<u>撤銷</u>、<u>變更</u>原處理結果或<u>暫停</u>公開評選程序之進行。但為應緊急情況或公共利益之必要者，不在此限。

依申請人之申訴，而為前項之處理者，主辦機關應將其結果即時通知該管都更評選申訴會。

第20條
☆☆☆
◯check

申訴審議判斷，視同訴願決定。
審議判斷指明原公開評選程序違反法令者，主辦機關應另為適法之處置，申訴人得向主辦機關請求償付其申請、異議及申訴所支出之必要費用。

第21條
★☆☆
◯check

都市更新事業依第十二條規定由主管機關或經同意之其他機關(構)自行實施者，得公開徵求提供資金並協助實施都市更新事業，其公開徵求之公告申請、審核、異議、申訴程序及審議判斷，準用第十三條至前條規定。

(第)(四)(章) 都市更新事業之實施

第22條
★☆☆
◯check

經劃定或變更應實施更新之地區，其土地及合法建築物所有權人得就主管機關劃定之更新單元，或依所定更新單元劃定基準自行劃定更新單元，舉辦公聽會，擬具事業概要，連同公聽會紀錄，申請當地直轄市、縣(市)主管機關依第二十九條規定審議核准，自行組織都市更新會實施該地區之都市更新事業，或委託都市更

新事業機構為實施者實施之；變更時，亦同。

前項之申請，應經該更新單元範圍內私有土地及私有合法建築物所有權人均超過1/2，並其所有土地總面積及合法建築物總樓地板面積均超過1/2之同意；其同意比率已達第三十七條規定者，得免擬具事業概要，並依第二十七條及第三十二條規定，逕行擬訂都市更新事業計畫辦理。

任何人民或團體得於第一項審議前，以書面載明姓名或名稱及地址，向直轄市、縣(市)主管機關提出意見，由直轄市、縣(市)主管機關參考審議。

依第一項規定核准之事業概要，直轄市、縣(市)主管機關應即公告30日，並通知更新單元內土地、合法建築物所有權人、他項權利人、囑託限制登記機關及預告登記請求權人。

第23條
☆☆☆
○check

未經劃定或變更應實施更新之地區，有第六條第一款至第三款或第六款情形之一者，土地及合法建築物所有權人得按主管機關所

定更新單元劃定基準，自行劃定更新單元，依前條規定，申請實施都市更新事業。

前項主管機關訂定更新單元劃定基準，應依第六條第一款至第三款及第六款之意旨，明訂建築物及地區環境狀況之具體認定方式。

第一項更新單元劃定基準於本條例中華民國107年12月28日修正之條文施行後訂定或修正者，應經該管政府都市計畫委員會審議通過後發布實施之；其於本條例中華民國107年12月28日修正之條文施行前訂定者，應於<u>3年</u>內修正，經該管政府都市計畫委員會審議通過後發布實施之。更新單元劃定基準訂定後，主管機關應定期檢討修正之。

第24條
☆☆☆
○check

申請實施都市更新事業之人數與土地及建築物所有權比率之計算，不包括下列各款：

一、依文化資產保存法所稱之文化資產。

二、經協議保留，並經直轄市、縣(市)主管機關核准且登記

有案之宗祠、寺廟、教堂。

三、　經政府代管或依土地法第七十三條之一規定由地政機關列冊管理者。

四、　經法院囑託查封、假扣押、假處分或破產登記者。

五、　未完成申報並核發派下全員證明書之祭祀公業土地或建築物。

六、　未完成申報並驗印現會員或信徒名冊、系統表及土地清冊之神明會土地或建築物。

第25條
☆☆☆
○check
都市更新事業得以信託方式實施之。其依第二十二條第二項或第三十七條第一項規定計算所有權人人數比率，以委託人人數計算。

第26條
☆☆☆
○check
都市更新事業機構以依公司法設立之股份有限公司為限。但都市更新事業係以整建或維護方式處理者，不在此限。

第27條
☆☆☆
○check
逾7人之土地及合法建築物所有權人依第二十二條及第二十三條規定自行實施都市更新事業時，應組織都市更新會，訂定章程載

明下列事項，申請當地直轄市、縣(市)主管機關核准：

一、 都市更新會之名稱及辦公地點。
二、 實施地區。
三、 成員資格、幹部法定人數、任期、職責及選任方式等事項。
四、 有關會務運作事項。
五、 有關費用分擔、公告及通知方式等事項。
六、 其他必要事項。

前項都市更新會應為法人；其設立、管理及解散辦法，由中央主管機關定之。

第28條
☆☆☆
○check

都市更新會得依民法委任具有都市更新專門知識、經驗之機構，統籌辦理都市更新業務。

第29條
★☆☆
○check

各級主管機關為審議事業概要、都市更新事業計畫、權利變換計畫及處理實施者與相關權利人有關爭議，應分別遴聘(派)學者、專家、社會公正人士及相關機關(構)代表，以合議制及公開方式辦理之，其中專家學者及民間團

體代表不得少於 <u>1/2</u>，任一性別比例不得少於 <u>1/3</u>。

各級主管機關依前項規定辦理審議或處理爭議，必要時，並得委託專業團體或機構協助作技術性之諮商。

第一項審議會之職掌、組成、利益迴避等相關事項之辦法，由中央主管機關定之。

第30條
☆☆☆
○check

各級主管機關應置專業人員專責辦理都市更新業務，並得設專責法人或機構，經主管機關委託或同意，協助推動都市更新業務或實施都市更新事業。

第31條
★☆☆
○check

各級主管機關為推動都市更新相關業務或實施都市更新事業，得設置<u>都市更新基金</u>。

第32條
NEW
☆☆☆
○check

都市更新事業計畫由實施者擬訂，送由當地直轄市、縣(市)主管機關審議通過後核定發布實施；其屬中央主管機關依第七條第二項或第八條規定劃定或變更之更新地區辦理之都市更新事業，得逕送中央主管機關審議通過後核定發布實施。並即公告<u>30日</u>及通

知更新單元範圍內土地、合法建築物所有權人、他項權利人、囑託限制登記機關及預告登記請求權人;變更時,亦同。

擬訂或變更都市更新事業計畫期間,應舉辦公聽會,聽取民眾意見。

都市更新事業計畫擬訂或變更後,送各級主管機關審議前,應於各該直轄市、縣(市)政府或鄉(鎮、市)公所公開展覽30日,並舉辦公聽會;實施者已取得更新單元內全體私有土地及私有合法建築物所有權人同意者,公開展覽期間得縮短為15日。

前二項公開展覽、公聽會之日期及地點,應刊登新聞紙或新聞電子報,並通知更新單元範圍內土地、合法建築物所有權人、他項權利人、囑託限制登記機關及預告登記請求權人;任何人民或團體得於公開展覽期間內,以書面載明姓名或名稱及地址,向各級主管機關提出意見,由各級主管機關予以參考審議。

經各級主管機關審議修正者,免

再公開展覽。

依第七條規定劃定或變更之都市更新地區或採整建、維護方式辦理之更新單元，實施者已取得更新單元內全體私有土地及私有合法建築物所有權人之同意者，於擬訂或變更都市更新事業計畫時，得免舉辦公開展覽及公聽會，不受前三項規定之限制。

都市更新事業計畫擬訂或變更後，與事業概要內容不同者，免再辦理事業概要之變更。

第33條
★☆☆
○check

各級主管機關依前條規定核定發布實施都市更新事業計畫前，除有下列情形之一者外，應舉行聽證；各級主管機關應斟酌聽證紀錄，並說明採納或不採納之理由作成核定：

一、於計畫核定前已無爭議。

二、依第四條第一項第二款或第三款以整建或維護方式處理，經更新單元內全體土地及合法建築物所有權人同意。

三、符合第三十四條第二款或第

三款之情形。

四、依第四十三條第一項但書後
段以協議合建或其他方式實
施，經更新單元內<u>全體</u>土地
及合法建築物<u>所有權人同
意</u>。

不服依前項經聽證作成之行政處
分者，其行政救濟程序，免除訴
願及其先行程序。

第34條
☆☆☆
○check

都市更新事業計畫之變更，得採
下列簡化作業程序辦理：

一、有下列情形之一而辦理變更
者，免依第三十二條規定辦
理公聽會及公開展覽：

(一) 依第四條第一項第二款
或第三款以整建或維護
方式處理，經更新單元
內全體私有土地及私有
合法建築物所有權人同
意。

(二) 依第四十三條第一項本
文以權利變換方式實
施，無第六十條之情
形，且經更新單元內全
體私有土地及私有合法

建築物所有權人同意。

（三）依第四十三條第一項但
書後段以協議合建或其
他方式實施，經更新單
元內全體土地及合法建
築物所有權人同意。

二、有下列情形之一而辦理變更
者，免依第三十二條規定舉
辦公聽會、公開展覽及審議：

（一）第三十六條第一項第二
款實施者之變更，於依
第三十七條規定徵求同
意，並經原實施者與新
實施者辦理公證。

（二）第三十六條第一項第
十二款至第十五款、第
十八款、第二十款及第
二十一款所定事項之變
更，經更新單元內全體
土地及合法建築物所有
權人同意。但第十三款
之變更以不減損其他受
拆遷安置戶之權益為
限。

三、第三十六條第一項第七款至
第十款所定事項之變更，經

各級主管機關認定不影響原核定之都市更新事業計畫者，或第三十六條第二項應敘明事項之變更，免依第三十二條規定舉辦公聽會、公開展覽及依第三十七條規定徵求同意。

第35條
☆☆☆
〇check

都市更新事業計畫之擬訂或變更，涉及都市計畫之主要計畫變更者，應於依法變更主要計畫後，依第三十二條規定辦理；其僅涉及主要計畫局部性之修正，不違背其原規劃意旨者，或僅涉及細部計畫之擬定、變更者，都市更新事業計畫得先行依第三十二條規定程序發布實施，據以推動更新工作，相關都市計畫再配合辦理擬定或變更。

第36條
★★☆
〇check

都市更新事業計畫應視其實際情形，表明下列事項：
一、計畫地區<u>範圍</u>。
二、<u>實施者</u>。
三、<u>現況分析</u>。
四、<u>計畫目標</u>。
五、與<u>都市計畫</u>之關係。

六、處理方式及其區段劃分。

七、區內公共設施興修或改善計畫，含配置之設計圖說。

八、整建或維護區段內建築物改建、修建、維護或充實設備之標準及設計圖說。

九、重建區段之土地使用計畫，含建築物配置及設計圖說。

十、都市設計或景觀計畫。

十一、文化資產、都市計畫表明應予保存或有保存價值建築之保存或維護計畫。

十二、實施方式及有關費用分擔。

十三、拆遷安置計畫。

十四、財務計畫。

十五、實施進度。

十六、效益評估。

十七、申請獎勵項目及額度。

十八、權利變換之分配及選配原則。其原所有權人分配之比率可確定者，其分配比率。

十九、公有財產之處理方式及更新後之分配使用原則。

二十、實施風險控管方案。

二十一、維護管理及保固事項。

二十二、相關單位配合辦理事項。

二十三、其他應加表明之事項。

實施者為都市更新事業機構，其都市更新事業計畫報核當時之資本總額或實收資本額、負責人、營業項目及實績等，應於前項第二款敘明之。

都市更新事業計畫以重建方式處理者，第一項第二十款實施風險控管方案依下列方式之一辦理：

一、不動產開發信託。

二、資金信託。

三、續建機制。

四、同業連帶擔保。

五、商業團體辦理連帶保證協定。

六、其他經主管機關同意或審議通過之方式。

第37條
★☆☆
○check

實施者擬訂或變更都市更新事業計畫報核時，應經一定比率之私有土地與私有合法建築物所有權人數及所有權面積之同意；其同意比率依下列規定計算。但私有土地及私有合法建築物所有權面積均超過 **9/10** 同意者，其所有權人數不予計算：

一、依第十二條規定經公開評選

委託都市更新事業機構辦理
者：應經更新單元內私有土
地及私有合法建築物所有權
人均超過 1/2，且其所有土地
總面積及合法建築物總樓地
板面積均超過 1/2 之同意。
但公有土地面積超過更新單
元面積 1/2 者，免取得私有
土地及私有合法建築物之同
意。實施者應保障私有土地
及私有合法建築物所有權人
權利變換後之權利價值，不
得低於都市更新相關法規之
規定。
二、依第二十二條規定辦理者：
（一）依第七條規定劃定或變
更之更新地區，應經更
新單元內私有土地及私
有合法建築物所有權人
均超過 1/2，且其所有
土地總面積及合法建築
物總樓地板面積均超過
1/2 之同意。
（二）其餘更新地區，應經更
新單元內私有土地及私
有合法建築物所有權人

均超過**3/4**，且其所有
土地總面積及合法建築
物總樓地板面積均超過
3/4之同意。

三、依第二十三條規定辦理者：
應經更新單元內私有土地及
私有合法建築物所有權人均
超過**4/5**，且其所有土地總面
積及合法建築物總樓地板面
積均超過4/5之同意。

前項人數與土地及建築物所有權
比率之計算，準用第二十四條之
規定。

都市更新事業以二種以上方式處
理時，第一項人數與面積比率，
應分別計算之。第二十二條第二
項同意比率之計算，亦同。

各級主管機關對第一項同意比率
之審核，除有民法第八十八條、
第八十九條、第九十二條規定情
事或雙方合意撤銷者外，以都市
更新事業計畫公開展覽期滿時為
準。所有權人對於公開展覽之計
畫所載更新後分配之權利價值比
率或分配比率低於出具同意書時
者，得於公開展覽期滿前，撤銷
其同意。

第38條
☆☆☆
〇check

依第七條規定劃定或變更之都市更新地區或依第四條第一項第二款、第三款方式處理者，其共有土地或同一建築基地上有數幢或數棟建築物，其中部分建築物辦理重建、整建或維護時，得在不變更其他幢或棟建築物區分所有權人之區分所有權及其基地所有權應有部分之情形下，以辦理重建、整建或維護之各該幢或棟建築物所有權人人數、所有權及其基地所有權應有部分為計算基礎，分別計算其同意之比率。

第39條
☆☆☆
〇check

依第二十二條第二項或第三十七條第一項規定計算之同意比率，除有因繼承、強制執行、徵收或法院之判決於登記前取得所有權之情形，於申請或報核時能提出證明文件者，得以該證明文件記載者為準外，應以土地登記簿、建物登記簿、合法建物證明或經直轄市、縣(市)主管機關核發之證明文件記載者為準。

前項登記簿登記、證明文件記載為公同共有者，或尚未辦理繼承登記，於分割遺產前為繼承人公

同共有者，應以同意之公同共有
人數為其同意人數，並以其占該
<u>公同共有全體人數</u>之比率，乘以
該公同共有部分面積所得之面積
為其同意面積計算之。

第40條
☆☆☆
〇check

主管機關審議時，知悉更新單元
內土地及合法建築物所有權有持
分人數異常增加之情形，應依職
權調查相關事實及證據，並將結
果依第二十九條辦理審議或處理
爭議。

第41條
☆☆☆
〇check

實施者為擬訂都市更新事業計
畫，得派員進入更新地區範圍內
之公私有土地或建築物<u>實施調查</u>
<u>或測量</u>；其進入土地或建築物，
應先通知其所有權人、管理人或
使用人。

依前項辦理調查或測量時，應先
報請當地直轄市、縣(市)主管機
關核准。但主管機關辦理者，不
在此限。

依第一項辦理調查或測量時，如
必須遷移或除去該土地上之障礙
物，應先通知所有權人、管理人
或使用人，所有權人、管理人或

使用人因而遭受之損失，應予適當之補償；補償金額由雙方協議之，協議不成時，由當地直轄市、縣(市)主管機關核定之。

第42條
☆☆☆
○check

更新地區劃定或變更後，直轄市、縣(市)主管機關得視實際需要，公告禁止更新地區範圍內建築物之改建、增建或新建及採取土石或變更地形。

但不影響都市更新事業之實施者，不在此限。

前項禁止期限，最長不得超過2年。

違反第一項規定者，當地直轄市、縣(市)主管機關得限期命令其拆除、改建、停止使用或恢復原狀。

第43條
★☆☆
○check

都市更新事業計畫範圍內重建區段之土地，以權利變換方式實施之。但由主管機關或其他機關辦理者，得以徵收、區段徵收或市地重劃方式實施之；其他法律另有規定或經全體土地及合法建築物所有權人同意者，得以協議合建或其他方式實施之。

以區段徵收方式實施都市更新事業時，抵價地總面積占徵收總面

積之比率，由主管機關考量實際情形定之。

第44條
★☆☆
○check

以協議合建方式實施都市更新事業，未能依前條第一項取得全體土地及合法建築物所有權人同意者，得經更新單元範圍內私有土地總面積及私有合法建築物總樓地板面積均超過 **4/5** 之同意，就達成合建協議部分，以<u>協議合建</u>方式實施之。對於不願參與協議合建之土地及合法建築物，以<u>權利變換</u>方式實施之。

前項參與權利變換者，實施者應保障其權利變換後之權利價值不得低於都市更新相關法規之規定。

第45條
☆☆☆
○check

都市更新事業計畫經各級主管機關核定發布實施後，範圍內應行整建或維護之建築物，實施者應依實施進度辦理，所需費用所有權人或管理人應交予實施者。

前項費用，經實施者催告仍不繳納者，由實施者報請該管主管機關以<u>書面行政處分</u>命所有權人或管理人依限繳納；屆期未繳納者，由該管主管機關移送法務部行政

執行署所屬行政執行分署強制執行。其執行所得之金額，由該管主管機關於實施者支付實施費用之範圍內發給之。

第一項整建或維護建築物需申請建築執照者，得以實施者名義為之，並免檢附土地權利證明文件。

第46條
☆☆☆
○check

公有土地及建築物，除另有合理之利用計畫，確無法併同實施都市更新事業者外，於舉辦都市更新事業時，應一律參加都市更新，並依都市更新事業計畫處理之，不受土地法第二十五條、國有財產法第七條、第二十八條、第五十三條、第六十六條、預算法第二十五條、第二十六條、第八十六條及地方政府公產管理法令相關規定之限制。

公有土地及建築物為公用財產而須變更為非公用財產者，應配合當地都市更新事業計畫，由各該級政府之非公用財產管理機關逕行變更為非公用財產，統籌處理，不適用國有財產法第三十三條至第三十五條及地方政府公產管理法令之相關規定。

前二項公有財產依下列方式處理：

一、自行辦理、委託其他機關(構)、都市更新事業機構辦理或信託予信託機構辦理更新。

二、由直轄市、縣(市)政府或其他機關以徵收、區段徵收方式實施都市更新事業時，應辦理撥用或撥供使用。

三、以權利變換方式實施都市更新事業時，除按應有之權利價值選擇參與分配土地、建築物、權利金或領取補償金外，並得讓售實施者。

四、以協議合建方式實施都市更新事業時，得主張以權利變換方式參與分配或以標售、專案讓售予實施者；其採標售方式時，除原有法定優先承購者外，實施者得以同樣條件優先承購。

五、以設定地上權方式參與或實施。

六、其他法律規定之方式。

經劃定或變更應實施更新之地區於本條例中華民國107年12月28

日修正之條文施行後擬訂報核之都市更新事業計畫，其範圍內之公有土地面積或比率達一定規模以上者，除有特殊原因者外，應依第十二條第一項規定方式之一辦理。其一定規模及特殊原因，由各級主管機關定之。

公有財產依第三項第一款規定委託都市更新事業機構辦理更新時，除本條例另有規定外，其徵求都市更新事業機構之公告申請、審核、異議、申訴程序及審議判斷，準用第十三條至第二十條規定。

公有土地上之舊違章建築戶，如經協議納入都市更新事業計畫處理，並給付管理機關使用補償金等相關費用後，管理機關得與該舊違章建築戶達成訴訟上之和解。

第47條
☆☆☆
○check

各級主管機關、其他機關(構)或鄉(鎮、市)公所因自行實施或擔任主辦機關經公開評選都市更新事業機構實施都市更新事業取得之土地、建築物或權利，其處分或收益，不受土地法第二十五

條、國有財產法第二十八條、第五十三條及各級政府財產管理規則相關規定之限制。

直轄市、縣(市)主管機關或鄉(鎮、市)公所因參與都市更新事業或推動都市更新辦理都市計畫變更取得之土地、建築物或權利，其處分或收益，不受土地法第二十五條及地方政府財產管理規則相關規定之限制。

第五章 權利變換

第48條
☆☆☆
○check

以權利變換方式實施都市更新時，實施者應於都市更新事業計畫核定發布實施後，擬具<u>權利變換計畫</u>，依第三十二條及第三十三條規定程序辦理；變更時，亦同。但必要時，權利變換計畫之擬訂報核，得與都市更新事業計畫一併辦理。

實施者為擬訂或變更權利變換計畫，須進入權利變換範圍內公、私有土地或建築物實施調查或測量時，準用第四十一條規定辦理。

權利變換計畫應表明之事項及權

利變換實施辦法，由中央主管機關定之。

第49條

☆☆☆

○check

權利變換計畫之變更，得採下列簡化作業程序辦理：

一、有下列情形之一而辦理變更者，免依第三十二條及第三十三條規定辦理公聽會、公開展覽、聽證及審議：

（一）計畫內容有誤寫、誤算或其他類此之顯然錯誤之更正。

（二）參與分配人或實施者，其分配單元或停車位變動，經變動雙方同意。

（三）依第二十五條規定辦理時之信託登記。

（四）權利變換期間辦理土地及建築物之移轉、分割、設定負擔及抵押權、典權、限制登記之塗銷。

（五）依地政機關地籍測量或建築物測量結果釐正圖冊。

（六）第三十六條第一項第二款所定實施者之變更，

經原實施者與新實施者
辦理公證。

二、有下列情形之一而辦理變更
者，免依第三十二條及第
三十三條規定辦理公聽會、
公開展覽及聽證：

(一) 原參與分配人表明不願
繼續參與分配，或原不
願意參與分配者表明參
與分配，經各級主管機
關認定不影響其他權利
人之權益。

(二) 第三十六條第一項第七
款至第十款所定事項之
變更，經各級主管機關
認定不影響原核定之權
利變換計畫。

(三) 有第一款各目情形所定
事項之變更而涉及其他
計畫內容變動，經各級
主管機關認定不影響原
核定之權利變換計畫。

第50條
☆☆☆
○check

權利變換前各宗土地、更新後土
地、建築物及權利變換範圍內其
他土地於評價基準日之權利價
值，由實施者委任**3家**以上專業

估價者查估後評定之。

前項估價者由實施者與土地所有權人共同指定；無法共同指定時，由實施者指定一家，其餘2家由實施者自各級主管機關建議名單中，以公開、隨機方式選任之。

各級主管機關審議權利變換計畫認有必要時，得就實施者所提估價報告書委任其他專業估價者或專業團體提複核意見，送各級主管機關參考審議。

第二項之名單，由各級主管機關會商相關職業團體建議之。

第51條
★☆☆
○check

實施權利變換時，權利變換範圍內供公共使用之道路、溝渠、兒童遊樂場、鄰里公園、廣場、綠地、停車場等7項用地，除以各該原有公共設施用地、未登記地及得無償撥用取得之公有道路、溝渠、河川等公有土地抵充外，其不足土地與工程費用、權利變換費用、貸款利息、稅捐、管理費用及都市更新事業計畫載明之都市計畫變更負擔、申請各項建築容積獎勵及容積移轉所支付之費用由實施者先行墊付，於經各

級主管機關核定後，由權利變換範圍內之土地所有權人按其權利價值比率、都市計畫規定與其相對投入及受益情形，計算共同負擔，並以權利變換後應分配之土地及建築物折價抵付予實施者；其應分配之土地及建築物因折價抵付致未達最小分配面積單元時，得改以現金繳納。

前項權利變換範圍內，土地所有權人應共同負擔之比率，由各級主管機關考量實際情形定之。

權利變換範圍內未列為第一項共同負擔之公共設施，於土地及建築物分配時，除原有土地所有權人提出申請分配者外，以原公有土地應分配部分，優先指配；其仍有不足時，以折價抵付共同負擔之土地及建築物指配之。

但公有土地及建築物管理機關(構)或實施者得要求該公共設施管理機構負擔所需經費。

第一項最小分配面積單元基準，由直轄市、縣(市)主管機關定之。

第一項後段得以現金繳納之金額，土地所有權人應交予實施者。

經實施者催告仍不繳納者，由實施者報請該管主管機關以書面行政處分命土地所有權人依限繳納；屆期未繳納者，由該管主管機關移送法務部行政執行署所屬行政執行分署強制執行。其執行所得之金額，由該管主管機關於實施者支付共同負擔費用之範圍內發給之。

第52條
☆☆☆
○check

權利變換後之土地及建築物扣除前條規定折價抵付共同負擔後，其餘土地及建築物依各宗土地權利變換前之權利價值比率，分配與原土地所有權人。但其不願參與分配或應分配之土地及建築物未達最小分配面積單元，無法分配者，得以現金補償之。

依前項規定分配結果，實際分配之土地及建築物面積多於應分配之面積者，應繳納差額價金；實際分配之土地及建築物少於應分配之面積者，應發給差額價金。

第一項規定現金補償於發放或提存後，由實施者列冊送請各級主管機關囑託該管登記機關辦理所有權移轉登記。

依第一項補償之現金及第二項規定應發給之差額價金，經各級主管機關核定後，應定期通知應受補償人領取；逾期不領取者，依法提存之。

第二項應繳納之差額價金，土地所有權人應交予實施者。經實施者催告仍不繳納者，由實施者報請該管主管機關以書面行政處分命土地所有權人依限繳納；屆期未繳納者，由該管主管機關移送法務部行政執行署所屬行政執行分署強制執行。其執行所得之金額，由該管主管機關於實施者支付差額價金之範圍內發給之。

應繳納差額價金而未繳納者，其獲配之土地及建築物不得移轉或設定負擔；違反者，其移轉或設定負擔無效。但因繼承而辦理移轉者，不在此限。

都更條例

第53條
★☆☆
○check

權利變換計畫書核定發布實施後2個月內，土地所有權人對其權利價值有異議時，應以書面敘明理由，向各級主管機關提出，各級主管機關應於受理異議後3個月內審議核復。但因情形特殊，經

各級主管機關認有委託專業團體或機構協助作技術性諮商之必要者，得延長審議核復期限**3個月**。

當事人對審議核復結果不服者，得依法提請行政救濟。

前項異議處理或行政救濟期間，實施者非經主管機關核准，不得停止都市更新事業之進行。

第一項異議處理或行政救濟結果與原評定價值有差額部分，由當事人以現金相互找補。

第一項審議核復期限，應扣除各級主管機關委託專業團體或機構協助作技術性諮商及實施者委託專業團體或機構重新查估權利價值之時間。

第54條

☆☆☆

○check

實施權利變換地區，直轄市、縣(市)主管機關得於權利變換計畫書核定後，公告禁止下列事項。但不影響權利變換之實施者，不在此限：

一、土地及建築物之移轉、分割或設定負擔。

二、建築物之改建、增建或新建及採取土石或變更地形。

前項禁止期限，最長不得超過**2年**。

違反第一項規定者，當地直轄市、縣(市)主管機關得限期命令其拆除、改建、停止使用或恢復原狀。

第55條
★☆☆
○check

依權利變換計畫申請<u>建築執照</u>，得以<u>實施者</u>名義為之，並免檢附土地、建物及他項權利證明文件。都市更新事業依第十二條規定由主管機關或經同意之其他機關(構)自行實施，並經公開徵求提供資金及協助實施都市更新事業者，且於都市更新事業計畫載明權責分工及協助實施內容，於依前項規定申請建築執照時，得以該資金提供者與實施者名義共同為之，並免檢附前項權利證明文件。權利變換範圍內土地改良物未拆除或遷移完竣前，不得辦理更新後土地及建築物銷售。

第56條
☆☆☆
○check

權利變換後，原土地所有權人應分配之土地及建築物，自分配結果確定之日起，視為原有。

第57條
NEW
☆☆☆
○check

權利變換範圍內應行拆除或遷移之土地改良物，由實施者依主管機關公告之權利變換計畫通知其所有權人、管理人或使用人，限

期30日內自行拆除或遷移;屆期不拆除或遷移者,依下列順序辦理:

一、 由實施者予以代為之。

二、 由實施者請求當地直轄市、縣(市)主管機關代為之。

實施者依前項第一款規定代為拆除或遷移前,應就拆除或遷移之期日、方式、安置或其他拆遷相關事項,本於真誠磋商精神予以協調,並訂定期限辦理拆除或遷移;協調不成者,由實施者依前項第二款規定請求直轄市、縣(市)主管機關代為之;直轄市、縣(市)主管機關受理前項第二款之請求後應再行協調,再行協調不成者,直轄市、縣(市)主管機關應訂定期限辦理拆除或遷移。但由直轄市、縣(市)主管機關自行實施者,得於協調不成時逕為訂定期限辦理拆除或遷移,不適用再行協調之規定。

第一項應拆除或遷移之土地改良物,經直轄市、縣(市)主管機關認定屬高氯離子鋼筋混凝土或耐震能力不足之建築物而有明顯危害公共安全者,得準用建築法第

八十一條規定之程序辦理強制拆除，不適用第一項後段及前項規定。

第一項應拆除或遷移之土地改良物為政府代管、扣押、法院強制執行或行政執行者，實施者應於拆除或遷移前，通知代管機關、扣押機關、執行法院或行政執行機關為必要之處理。

第一項因權利變換而拆除或遷移之土地改良物，應補償其價值或建築物之殘餘價值，其補償金額由實施者委託專業估價者查估後評定之，實施者應於權利變換計畫核定發布後定期通知應受補償人領取；逾期不領取者，依法提存。應受補償人對補償金額有異議時，準用第五十三條規定辦理。

第一項因權利變換而拆除或遷移之土地改良物，除由所有權人、管理人或使用人自行拆除或遷移者外，其代為拆除或遷移費用在應領補償金額內扣回。

實施者依第一項第二款規定所提出之申請，及直轄市、縣(市)主管機關依第二項規定辦理協調及拆除或遷移土地改良物，其申請

條件、應備文件、協調、評估方式、拆除或遷移土地改良物作業事項及其他應遵行事項之自治法規，由直轄市、縣(市)主管機關定之。

第58條

☆☆☆
○check

權利變換範圍內出租之土地及建築物，因權利變換而不能達到原租賃之目的者，租賃契約終止，承租人並得依下列規定向出租人請求補償。但契約另有約定者，從其約定：

一、出租土地係供為建築房屋者，承租人得向出租人請求相當1年租金之補償，所餘租期未滿1年者，得請求相當所餘租期租金之補償。

二、前款以外之出租土地或建築物，承租人得向出租人請求相當2個月租金之補償。

權利變換範圍內出租之土地訂有耕地三七五租約者，應由承租人選擇依第六十條或耕地三七五減租條例第十七條規定辦理，不適用前項之規定。

第59條
☆☆☆
○check

權利變換範圍內設定不動產役權之土地或建築物，該不動產役權消滅。

前項不動產役權之設定為有償者，不動產役權人得向土地或建築物所有權人請求相當補償；補償金額如發生爭議時，準用第五十三條規定辦理。

第60條
☆☆☆
○check

權利變換範圍內合法建築物及設定地上權、永佃權、農育權或耕地三七五租約之土地，由土地所有權人及合法建築物所有權人、地上權人、永佃權人、農育權人或耕地三七五租約之承租人於實施者擬訂權利變換計畫前，<u>自行協議</u>處理。

前項協議不成，或土地所有權人不願或不能參與分配時，由實施者估定合法建築物所有權之權利價值及地上權、永佃權、農育權或耕地三七五租約價值，於土地所有權人應分配之土地及建築物權利或現金補償範圍內，按合法建築物所有權、地上權、永佃權、農育權或耕地三七五租約價值占原土地價值比率，分配或補償予

各該合法建築物所有權人、地上權人、永佃權人、農育權人或耕地三七五租約承租人，納入權利變換計畫內。其原有之合法建築物所有權、地上權、永佃權、農育權或耕地三七五租約消滅或終止。

土地所有權人、合法建築物所有權人、地上權人、永佃權人、農育權人或耕地三七五租約承租人對前項實施者估定之合法建築物所有權之價值及地上權、永佃權、農育權或耕地三七五租約價值有異議時，準用第五十三條規定辦理。

第二項之分配，視為土地所有權人獲配土地後無償移轉；其土地增值稅準用第六十七條第一項第四款規定減徵並准予記存，由合法建築物所有權人、地上權人、永佃權人、農育權人或耕地三七五租約承租人於權利變換後再移轉時，一併繳納之。

第61條
NEW
☆☆☆
○check

權利變換範圍內土地及建築物經設定抵押權、典權或限制登記，除自行協議消滅者外，由實施者

列冊送請各級主管機關囑託該管登記機關，於權利變換後分配土地及建築物時，按原登記先後，登載於原土地或建築物所有權人應分配之土地及建築物；其為合併分配者，抵押權、典權或限制登記之登載，應以權利變換前各宗土地或各幢(棟)建築物之權利價值，計算其權利價值。

土地及建築物依第五十二條第三項及第五十七條第五項規定辦理補償時，其設有抵押權、典權或限制登記者，由實施者在不超過原土地或建築物所有權人應得補償之數額內，代為清償、回贖或提存後，消滅或終止，並由實施者列冊送請各級主管機關囑託該管登記機關辦理塗銷登記。

都更條例

第62條
☆☆☆
〇check

權利變換範圍內占有他人土地之舊違章建築戶處理事宜，由實施者提出處理方案，納入權利變換計畫內一併報核；有異議時，準用第五十三條規定辦理。

第63條
☆☆☆
○check

權利變換範圍內，經權利變換分配之土地及建築物，實施者應以<u>書面</u>分別通知受配人，限期辦理接管；逾期不接管者，自限期屆滿之翌日起，視為已接管。

第64條
☆☆☆
○check

經權利變換之土地及建築物，實施者應依據權利變換結果，列冊送請各級主管機關囑託該管登記機關辦理<u>權利變更</u>或<u>塗銷登記</u>，換發權利書狀；未於規定期限內換領者，其原權利書狀由該管登記機關公告註銷。

前項建築物辦理所有權第一次登記公告受有都市更新異議時，登記機關於公告期滿應移送囑託機關處理，囑託機關依本條例相關規定處理後，通知登記機關依處理結果辦理登記，免再依土地法第五十九條第二項辦理。

實施權利變換時，其土地及建築物權利已辦理土地登記者，應以各該權利之登記名義人參與權利變換計畫，其獲有分配者，並以該登記名義人之名義辦理囑託登記。

第六章 獎助

第65條
NEW
★☆☆
○check

都市更新事業計畫範圍內之建築基地，得視都市更新事業需要，給予適度之建築容積獎勵；獎勵後之建築容積，不得超過各該建築基地**1.5倍**之基準容積，且不得超過都市計畫法第八十五條所定施行細則之規定。有下列各款情形之一者，其獎勵後之建築容積得依下列規定擇優辦理，不受前項後段規定之限制：

一、實施容積管制前已興建完成之合法建築物，其原建築容積高於基準容積：不得超過各該建築基地0.3倍之基準容積再加其原建築容積，或各該建築基地1.2倍之原建築容積。

二、前款合法建築物經直轄市、縣(市)主管機關認定屬高氯離子鋼筋混凝土或耐震能力不足而有明顯危害公共安全：不得超過各該建築基地1.3倍之原建築容積。

三、各級主管機關依第八條劃定或變更策略性更新地區，屬

依第十二條第一項規定方式辦理，且更新單元面積達1萬平方公尺以上：不得超過各該建築基地2倍之基準容積或各該建築基地0.5倍之基準容積再加其原建築容積。

符合前項第二款情形之建築物，得依該款獎勵後之建築容積上限額度建築，且不得再申請第五項所定辦法、自治法規及其他法令規定之建築容積獎勵項目。

依第七條、第八條規定劃定或變更之更新地區，於實施都市更新事業時，其建築物高度及建蔽率得酌予放寬；其標準，由直轄市、縣(市)主管機關定之。但建蔽率之放寬以住宅區之基地為限，且不得超過原建蔽率。

第一項、第二項第一款及第三款建築容積獎勵之項目、計算方式、額度、申請條件及其他相關事項之辦法，由中央主管機關定之；直轄市、縣(市)主管機關基於都市發展特性之需要，得以自治法規另訂獎勵之項目、計算方式、額度、申請條件及其他應遵行事項。

依前項直轄市、縣(市)自治法規給予之建築容積獎勵，不得超過各該建築基地0.2倍之基準容積。但依第二項第三款規定辦理者，不得超過各該建築基地0.4倍之基準容積。

各級主管機關依第五項規定訂定辦法或自治法規有關獎勵之項目，應考量對都市環境之貢獻、公共設施服務水準之影響、文化資產保存維護之貢獻、新技術之應用及有助於都市更新事業之實施等因素。

第二項第二款及第五十七條第三項耐震能力不足建築物而有明顯危害公共安全之認定方式、程序、基準及其他相關事項之辦法，由中央主管機關定之。

都市更新事業計畫於本條例中華民國108年1月30日修正施行前擬訂報核者，得適用修正前之規定。

第66條
☆☆☆
○check

更新地區範圍內公共設施保留地、依法或都市計畫表明應予保存、直轄市、縣(市)主管機關認定有保存價值及依第二十九條

規定審議保留之建築所坐落之土地或街區，或其他為促進更有效利用之土地，其建築容積得一部或全部轉移至其他建築基地建築使用，並準用依都市計畫法第八十三條之一第二項所定辦法有關可移出容積訂定方式、可移入容積地區範圍、接受基地可移入容積上限、換算公式、移轉方式及作業方法等規定辦理。

前項建築容積經全部轉移至其他建築基地建築使用者，其原為私有之土地應登記為公有。

第67條
★☆☆
〇check

更新單元內之土地及建築物，依下列規定減免稅捐：

一、 更新期間土地無法使用者，免徵地價稅；其仍可繼續使用者，減半徵收。但未依計畫進度完成更新且可歸責於土地所有權人之情形者，依法課徵之。

二、 更新後地價稅及房屋稅減半徵收 2 年。

三、 重建區段範圍內更新前合法建築物所有權人取得更新後建築物，於前款房屋稅減半

徵收<u>2年</u>期間內未移轉，且經直轄市、縣(市)主管機關視地區發展趨勢及財政狀況同意者，得延長其房屋稅減半徵收期間至喪失所有權止，但以10年為限。本條例中華民國107年12月28日修正之條文施行前，前款房屋稅減半徵收2年期間已屆滿者，不適用之。

四、依權利變換取得之土地及建築物，於更新後第1次移轉時，減徵土地增值稅及契稅<u>40%</u>。

五、不願參加權利變換而領取現金補償者，減徵土地增值稅<u>40%</u>。

六、實施權利變換應分配之土地未達最小分配面積單元，而改領現金者，免徵土地增值稅。

七、實施權利變換，以土地及建築物抵付權利變換負擔者，免徵土地增值稅及契稅。

八、原所有權人與實施者間因協議合建辦理產權移轉時，經

直轄市、縣(市)主管機關視地區發展趨勢及財政狀況同意者，得減徵土地增值稅及契稅**40%**。

前項第三款及第八款實施年限，自本條例中華民國107年12月28日修正之條文施行之日起算**5年**；其年限屆期前半年，行政院得視情況延長之，並以1次為限。

都市更新事業計畫於前項實施期限屆滿之日前已報核或已核定尚未完成更新，於都市更新事業計畫核定之日起2年內或於權利變換計畫核定之日起1年內申請建造執照，且依建築期限完工者，其更新單元內之土地及建築物，準用第一項第三款及第八款規定。

第68條

☆☆☆

〇check

以更新地區內之土地為信託財產，訂定以委託人為受益人之信託契約者，不課徵贈與稅。

前項信託土地，因信託關係而於委託人與受託人間移轉所有權者，不課徵土地增值稅。

第69條
☆☆☆
○check

以更新地區內之土地為信託財產者，於信託關係存續中，以受託人為地價稅或田賦之納稅義務人。

前項土地應與委託人在同一直轄市或縣(市)轄區內所有之土地合併計算地價總額，依土地稅法第十六條規定稅率課徵地價稅，分別就各該土地地價占地價總額之比率，計算其應納之地價稅。但信託利益之受益人為非委託人且符合下列各款規定者，前項土地應與受益人在同一直轄市或縣(市)轄區內所有之土地合併計算地價總額：

一、受益人已確定並享有全部信託利益。

二、委託人未保留變更受益人之權利。

第70條
☆☆☆
○check

實施者為股份有限公司組織之都市更新事業機構，投資於經主管機關劃定或變更為應實施都市更新地區之都市更新事業支出，得於支出總額**20%**範圍內，抵減其都市更新事業計畫完成年度應納營利事業所得稅額，當年度不足

抵減時，得在以後4年度抵減之。

都市更新事業依第十二條規定由主管機關或經同意之其他機關(構)自行實施，經公開徵求股份有限公司提供資金並協助實施都市更新事業，於都市更新事業計畫或權利變換計畫載明權責分工及協助實施都市更新事業內容者，該公司實施都市更新事業之支出得準用前項投資抵減之規定。

前二項投資抵減，其每一年度得抵減總額，以不超過該公司當年度應納營利事業所得稅額50%為限。但最後年度抵減金額，不在此限。

第一項及第二項投資抵減之適用範圍，由財政部會商內政部定之。

第71條
☆☆☆
○check

實施者為新設立公司，並以經營都市更新事業為業者，得公開招募股份；其發起人應包括不動產投資開發專業公司及都市更新事業計畫內土地、合法建築物所有權人及地上權人，且持有股份總數不得低於該新設立公司股份總數之30%，並應報經中央主管

機關核定。其屬公開招募新設立公司者，應檢具各級主管機關已核定都市更新事業計畫之證明文件，向證券管理機關申報生效後，始得為之。

前項公司之設立，應由都市更新事業計畫內土地、合法建築物之所有權人及地上權人，優先參與該公司之發起。

實施者為經營不動產投資開發之上市公司，為籌措都市更新事業計畫之財源，得發行指定用途之公司債，不受公司法第二百四十七條之限制。

前項經營不動產投資開發之上市公司於發行指定用途之公司債時，應檢具各級主管機關核定都市更新事業計畫之證明文件，向證券管理機關申報生效後，始得為之。

第72條
☆☆☆
○check

金融機構為提供參與都市更新之土地及合法建築物所有權人、實施者或不動產投資開發專業公司籌措經主管機關核定發布實施之都市更新事業計畫所需資金而辦理之放款，得不受銀行法第

七十二條之二之限制。

金融主管機關於必要時，得規定金融機構辦理前項放款之最高額度。

第73條
☆☆☆
○check

因實施都市更新事業而興修之重要公共設施，除本條例另有規定外，實施者得要求該公共設施之管理者負擔該公共設施興修所需費用之全部或一部；其費用負擔應於都市更新事業計畫中訂定。

更新地區範圍外必要之關聯性公共設施，各該主管機關應配合更新進度，優先興建，並實施管理。

第七章 監督及管理

第74條
☆☆☆
○check

實施者依第二十二條或第二十三條規定實施都市更新事業，應依核准之事業概要所表明之實施進度擬訂都市更新事業計畫報核；逾期未報核者，核准之事業概要失其效力，直轄市、縣(市)主管機關應通知更新單元內土地、合法建築物所有權人、他項權利人、囑託限制登記機關及預告登記請求權人。

因故未能於前項期限內擬訂都市更新事業計畫報核者，得敘明理由申請展期；展期之期間每次不得超過**6個月**，並以**2次**為限。

第75條
☆☆☆
◯check

都市更新事業計畫核定後，直轄市、縣(市)主管機關得視實際需要隨時或定期檢查實施者對該事業計畫之執行情形。

第76條
☆☆☆
◯check

前條之檢查發現有下列情形之一者，直轄市、縣(市)主管機關應限期令其改善或勒令其停止營運並限期清理；必要時，並得派員監管、代管或為其他必要之處理：
一、違反或擅自變更章程、事業計畫或權利變換計畫。
二、業務廢弛。
三、事業及財務有嚴重缺失。
實施者不遵從前項命令時，直轄市、縣(市)主管機關得撤銷其更新核准，並得強制接管；其接管辦法由中央主管機關定之。

第77條
☆☆☆
◯check

依第十二條規定經公開評選委託之實施者，其於都市更新事業計畫核定後，如有不法情事或重大瑕疵而對所有權人或權利關係人

之權利顯有不利時，所有權人或權利關係人得向直轄市、縣(市)主管機關請求依第七十五條予以檢查，並由該管主管機關視檢查情形依第七十六條為必要之處理。

第78條
★☆☆
○check

實施者應於都市更新事業計畫完成後6個月內，檢具竣工書圖、經會計師簽證之財務報告及更新成果報告，送請當地直轄市、縣(市)主管機關備查。

第八章 罰則

第79條
☆☆☆
○check

實施者違反第五十五條第三項規定者，處新臺幣50萬元以上500萬元以下罰鍰，並令其停止銷售；不停止其行為者，得按次處罰至停止為止。

第80條
☆☆☆
○check

不依第四十二條第三項或第五十四條第三項規定拆除、改建、停止使用或恢復原狀者，處新臺幣6萬元以上30萬元以下罰鍰。並得停止供水、供電、封閉、強制拆除或採取恢復原狀措施，費用由土地或建築物所有權人、使

用人或管理人負擔。

第81條
☆☆☆
○check
實施者無正當理由拒絕、妨礙或規避第七十五條之檢查者，處新臺幣 **6萬元** 以上 **30萬元** 以下罰鍰，並得按次處罰之。

第82條
☆☆☆
○check
前三條所定罰鍰，由直轄市、縣(市)主管機關處罰之。

第 九 章 附則

第83條
☆☆☆
○check
都市更新案申請建築執照之相關法規適用，以擬訂都市更新事業計畫報核日為準，並應自擬訂都市更新事業計畫經核定之日起 **2年** 內為之。

前項以權利變換方式實施，且其權利變換計畫與都市更新事業計畫分別報核者，得自擬訂權利變換計畫經核定之日起1年內為之。

未依前二項規定期限申請者，其相關法規之適用，以申請建築執照日為準。

都市更新事業概要、都市更新事業計畫、權利變換計畫及其執行

都更條例

事項，直轄市、縣(市)政府怠於處理時，實施者得向中央主管機關請求處理，中央主管機關應即邀集有關機關(構)、實施者及相關權利人協商處理，必要時並得由中央主管機關逕行審核處理。

第84條
☆☆☆
○check

都市更新事業計畫核定發布實施日1年前，或以權利變換方式實施於權利變換計畫核定發布實施日1年前，於都市更新事業計畫範圍內有居住事實，且符合住宅法第四條第二項之經濟、社會弱勢者身分或未達最小分配面積單元者，因其所居住建築物計畫拆除或遷移，致無屋可居住者，除已納入都市更新事業計畫之拆遷安置計畫或權利變換計畫之舊違章建築戶處理方案予以安置者外，於建築物拆除或遷移前，直轄市、縣(市)主管機關應依住宅法規定提供社會住宅或租金補貼等協助，或以專案方式辦理，中央主管機關得提供必要之協助。

前項之經濟或社會弱勢身分除依住宅法第四條第二項第一款至第十一款認定者外，直轄市、縣

(市)主管機關應審酌更新單元內實際狀況，依住宅法第四條第二項第十二款認定之。

第85條

☆☆☆
○check

直轄市、縣(市)主管機關應就都市更新涉及之相關法令、融資管道及爭議事項提供諮詢服務或必要協助。對於因無資力無法受到法律適當保護者，應由直轄市、縣(市)主管機關主動協助其依法律扶助法、行政訴訟法、民事訴訟法或其他相關法令規定申(聲)請法律扶助或訴訟救助。

第86條

☆☆☆
○check

本條例中華民國107年12月28日修正之條文施行前已申請尚未經直轄市、縣(市)主管機關核准之事業概要，其同意比率、審議及核准程序應適用修正後之規定。

本條例中華民國107年12月28日修正之條文施行前已報核或已核定之都市更新事業計畫，其都市更新事業計畫或權利變換計畫之擬訂、審核及變更，除第三十三條及第四十八條第一項聽證規定外，得適用修正前之規定。

前項權利變換計畫之擬訂，應自

擬訂都市更新事業計畫經核定之日起5年內報核。但本條例中華民國107年12月28日修正之條文施行前已核定之都市更新事業計畫，其權利變換計畫之擬訂，應自本條例107年12月28日修正之條文施行日起5年內報核。

未依前項規定期限報核者，其權利變換計畫之擬訂、審核及變更適用修正後之規定。

第87條
☆☆☆
◯check

本條例施行細則，由中央主管機關定之。

第88條
☆☆☆
◯check

本條例自公布日施行。

第五章

都市更新條例施行細則

民國 108 年 05 月 15 日

第1條
☆☆☆
○check

本細則依都市更新條例(以下簡稱本條例)第八十七條規定訂定之。

第2條
☆☆☆
○check

本條例第六條第四款及第八條第四款所定重大建設、重大發展建設,其範圍如下:
一、 經中央目的事業主管機關依法核定或報經行政院核定者。
二、 經各級主管機關認定者。

第3條
★☆☆
○check

本條例第九條第二項所定公告,由各級主管機關將公告地點及日期刊登政府公報或新聞紙<u>3日</u>,並於各該主管機關設置之專門網頁周知。公告期間不得少於<u>30日</u>。

第4條
☆☆☆
○check

依本條例第十二條規定由各級主管機關或其他機關(構)委託都市更新事業機構為實施者,或各級

主管機關同意其他機關(構)為實施者時，應規定期限令其擬訂都市更新事業計畫報核。

前項實施者逾期且經催告仍未報核者，各該主管機關或其他機關(構)得另行辦理委託，或由各該主管機關同意其他機關(構)辦理。

第5條
★☆☆
◯check

各級主管機關依本條例第十二條第一項第一款所定經公開評選程序委託都市更新事業機構為實施者，其委託作業，得委任所屬機關辦理。

前項委託作業，包括公開評選、議約、簽約、履約執行及其他有關事項。

第6條
☆☆☆
◯check

主辦機關依本條例第十三條第二項規定舉行說明會時，應說明都市更新事業機構評選資格、條件及民眾權益保障等相關事宜，並聽取民眾意見。

前項說明會之日期及地點，應通知更新單元範圍內土地、合法建築物所有權人、他項權利人、囑託限制登記機關及預告登記請求權人。

第7條
☆☆☆
○check

更新單元之劃定，應考量原有社會、經濟關係及人文特色之維繫、整體再發展目標之促進、公共設施負擔之<u>公平性</u>及土地權利整合之<u>易行性</u>等因素。

第8條
☆☆☆
○check

依本條例第二十二條第一項、第三十二條第二項或第三項規定舉辦<u>公聽會</u>時，應邀請有關機關、學者專家及當地居民代表及通知更新單元內土地、合法建築物所有權人、他項權利人、囑託限制登記機關及預告登記請求權人參加，並以傳單周知更新單元內門牌戶。

前項公聽會之通知，其依本條例第二十二條第一項或第三十二條第二項辦理者，應檢附公聽會會議資料及相關資訊；其依本條例第三十二條第三項辦理者，應檢附計畫草案及相關資訊，並得以書面製作、光碟片或其他裝置設備儲存。

第一項公聽會之日期及地點，應於10日前刊登當地政府公報或新聞紙3日，並張貼於當地村(里)辦公處之公告牌；其依本條例

第三十二條第二項或第三項辦理者，並應於專屬或專門網頁周知。

第9條
☆☆☆
○check

公聽會程序之進行，應公開以言詞為之。

第10條
★★☆
○check

本條例第二十二條第一項所定事業概要，應表明下列事項：
一、 更新單元範圍。
二、 申請人。
三、 現況分析。
四、 與都市計畫之關係。
五、 處理方式及其區段劃分。
六、 區內公共設施興修或改善構想。
七、 重建、整建或維護區段之建築規劃構想。
八、 預定實施方式。
九、 財務規劃構想。
十、 預定實施進度。
十一、 申請獎勵項目及額度概估。
十二、 其他事項。
前項第六款、第七款、第十一款及第十二款，視其實際情形，經敘明理由者，得免予表明。

第11條

☆☆☆

○check

依本條例第二十二條第一項或第二十三條第一項申請核准實施都市更新事業之案件，其土地及合法建築物所有權人應將事業概要連同公聽會紀錄及土地、合法建築物所有權人意見綜整處理表，送由直轄市、縣(市)主管機關依本條例第二十九條第一項組成之組織審議。

第12條

★☆☆

○check

土地及合法建築物所有權人或實施者，分別依本條例第二十二條第二項或第三十七條第一項規定取得之同意，應檢附下列證明文件：

一、土地及合法建築物之權利證明文件：

(一) 地籍圖謄本或其電子謄本。

(二) 土地登記謄本或其電子謄本。

(三) 建物登記謄本或其電子謄本，或合法建物證明。

(四) 有本條例第三十九條第一項於登記前取得所有權情形之證明文件。

二、 私有土地及私有合法建築物
　　 所有權人出具之同意書。
前項第一款第一目至第三目謄本
及電子謄本，以於事業概要或都
市更新事業計畫報核之日所核發
者為限。

第一項第一款第三目之合法建物
證明，其因災害受損拆除之合法
建築物，或更新單元內之合法建
築物，經直轄市、縣(市)主管機
關同意先行拆除者，直轄市、縣
(市)主管機關得核發證明文件證
明之。

第一項第一款第四目之證明文
件，按其取得所有權之情形，檢
附下列證明文件：

一、 繼承取得者：載有被繼承人
　　 死亡記事之戶籍謄本、全體
　　 繼承人之戶籍謄本及其繼承
　　 系統表。

二、 強制執行取得者：執行法院
　　 或行政執行機關發給之權利
　　 移轉證書。

三、 徵收取得者：直轄市、縣(市)
　　 主管機關出具應受領之補償
　　 費發給完竣之公文書或其他
　　 可資證明之文件。

四、法院判決取得者：判決正本並檢附判決確定證明書或各審級之判決正本。

前項第一款之繼承系統表，由繼承人依民法有關規定自行訂定，註明如有遺漏或錯誤致他人受損害者，申請人願負法律責任，並簽名。

第13條
☆☆☆
○check

直轄市、縣(市)主管機關受理土地及合法建築物所有權人依本條例第二十二條第一項或第二十三條第一項規定申請核准實施都市更新事業之案件，應自受理收件日起3個月內完成審核。但情形特殊者，得延長審核期限1次，最長不得逾3個月。

前項申請案件經審查不合規定者，直轄市、縣(市)主管機關應敘明理由駁回其申請；其得補正者，應詳為列舉事由，通知申請人限期補正，屆期未補正或經通知補正仍不符規定者，駁回其申請。

第一項審核期限，應扣除申請人依前項補正通知辦理補正之時間。

申請人對於審核結果有異議者，得於接獲通知之翌日起<u>30日</u>內提請<u>覆議</u>，以1次為限，逾期不予受理。

第14條
☆☆☆
◯check

依本條例第二十二條第四項或第三十二條第一項辦理公告時，各級主管機關應將公告日期及地點刊登當地政府公報或新聞紙<u>3日</u>，並張貼於當地村(里)辦公處之公告牌及各該主管機關設置之專門網頁周知。

第15條
☆☆☆
◯check

依本條例第二十二條第四項或第三十二條第一項所為之通知，應連同已核准或核定之事業概要或計畫送達更新單元內土地、合法建築物所有權人、他項權利人、囑託限制登記機關及預告登記請求權人。

前項應送達之資料，得以書面製作、光碟片或其他裝置設備儲存。

第16條
☆☆☆
◯check

各級主管機關辦理審議事業概要、都市更新事業計畫、權利變換計畫及處理實施者與相關權利人有關爭議時，與案情有關之人民或團體代表得列席陳述意見。

第17條

☆☆☆

○check

各級主管機關審議都市更新事業計畫、權利變換計畫、處理實施者與相關權利人有關爭議或審議核復有關異議時,認有委託專業團體或機構協助作技術性諮商之必要者,於徵得實施者同意後,由其負擔技術性諮商之相關費用。

第18條

☆☆☆

○check

實施者應於適當地點提供諮詢服務,並於專屬網頁、政府公報、電子媒體、平面媒體或會議以適當方式充分揭露更新相關資訊。

第19條

☆☆☆

○check

依本條例第三十二條第三項辦理公開展覽時,各級主管機關應將公開展覽日期及地點,刊登當地政府公報或新聞紙**3日**,並張貼於當地村(里)辦公處之公告牌及各該主管機關設置之專門網頁周知。

依本條例第三十二條第四項所為公開展覽之通知,應檢附計畫草案及相關資訊,並得以書面製作、光碟片或其他裝置設備儲存。

人民或團體於第一項公開展覽期間內提出<u>書面意見</u>者,以意見書送達或郵戳日期為準。

都更細則

5-9

第20條
☆☆☆
○check

各級主管機關受理實施者依本條例第三十二條第一項或第四十八條第一項規定，申請核定都市更新事業計畫或權利變換計畫之案件，應自受理收件日起**6個月**內完成審核。但情形特殊者，得延長審核期限1次，最長不得逾6個月。

前項申請案件經審查不合規定者，各該主管機關應敘明理由駁回其申請；其得補正者，應詳為列舉事由，通知申請人限期補正，屆期未補正或經通知補正仍不符規定者，駁回其申請。

第一項審核期限，應扣除實施者依前項補正通知辦理補正及依各級主管機關審議結果修正計畫之時間。

實施者對於審核結果有異議者，得於接獲通知之翌日起**30日**內提請**覆議**，以1次為限，逾期不予受理。

第21條
☆☆☆
○check

本條例第三十五條所定都市更新事業計畫之擬訂或變更，僅涉及主要計畫局部性之修正不違背其原規劃意旨者，應符合下列情形：

一、除8公尺以下計畫道路外，其他各項公共設施用地之<u>總面積不減少</u>者。

二、各種土地使用分區之面積不增加，<u>且不影響其原有機能</u>者。

第22條
☆☆☆
○check

本條例第三十五條所稱據以推動更新工作，指依都市更新事業計畫辦理都市計畫樁測定、地籍分割測量、土地使用分區證明與建築執照核發及其他相關工作；所稱相關都市計畫再配合辦理擬定或變更，指都市計畫應依據已核定發布實施之都市更新事業計畫辦理擬定或變更。

第23條
☆☆☆
○check

本條例第三十六條第一項第七款至第九款所定圖說，其比例尺不得小於<u>1/500</u>。

第24條
☆☆☆
○check

本條例第三十六條第一項第二十二款所稱相關單位配合辦理事項，指相關單位依本條例第七十三條規定配合負擔都市更新單元內之<u>公共設施興修費用</u>、配合興修更新地區範圍外必要之關聯性公共設施及其他事項。

第25條
☆☆☆
〇check

事業概要或都市更新事業計畫申請或報核後，更新單元內之土地及合法建築物所有權人或權利關係人認有所有權持分人數異常增加之情形，致影響事業概要或都市更新事業計畫申請或報核者，得檢具相關事實及證據，請求主管機關依本條例第四十條規定辦理。

第26條
☆☆☆
〇check

實施者依本條例第四十一條第一項、第三項、第四十五條第二項、第五十一條第五項、第五十二條第四項、第五項、第五十七條第一項、第四項及第六十三條規定所為之通知或催告，準用行政程序法除寄存送達、公示送達及囑託送達外之送達規定。

前項之通知或催告未能送達，或其應為送達之處所不明者，報經各級主管機關同意後，刊登當地政府公報或新聞紙3日，並張貼於當地村(里)辦公處之公告牌及各該主管機關設置之專門網頁周知。

第27條
☆☆☆
○check

本條例第四十二條第一項或第五十四條第一項所定公告，應將公告地點刊登當地政府公報或新聞紙**3日**，並張貼於直轄市、縣(市)政府、鄉(鎮、市、區)公所、當地村(里)辦公處之公告牌及各該主管機關設置之專門網頁周知。

第28條
☆☆☆
○check

本條例第四十二條第三項命令拆除、停止使用或恢復原狀、第四十五條第二項或第五十一條第五項催告或繳納費用、第五十二條第四項領取補償現金或差額價金、第五項催告或繳納差額價金及第五十四條第三項命令拆除、停止使用或恢復原狀之期限，均以**30日**為限。

第29條
★☆☆
○check

以信託方式實施之都市更新事業，其計畫範圍內之公有土地及建築物所有權為國有者，應以中華民國為信託之委託人及受益人；為直轄市有、縣(市)有或鄉(鎮、市)有者，應以各該<u>地方自治團體</u>為信託之<u>委託人</u>及<u>受益人</u>。

都更細則

第30條
★☆☆
○check

公有土地及建築物以信託方式辦理更新時，各該管理機關應與信託機構簽訂信託契約。

前項信託契約應載明下列事項：

一、委託人、受託人及受益人之名稱及住所。

二、信託財產之種類、名稱、數量及權利範圍。

三、信託目的。

四、信託關係存續期間。

五、信託證明文件。

六、信託財產之移轉及登記。

七、信託財產之經營管理及運用方法。

八、信託機構財源籌措方式。

九、各項費用之支付方式。

十、信託收益之收取方式。

十一、信託報酬之支付方式。

十二、信託機構之責任。

十三、信託事務之查核方式。

十四、修繕準備及償還債務準備之提撥。

十五、信託契約變更、解除及終止事由。

十六、信託關係消滅後信託財產之交付及債務之清償。

十七、其他事項。

第31條
★★☆
○check

本條例第六十七條第一項第一款所稱更新期間，指都市更新事業計畫發布實施後，都市更新事業<u>實際施工期間</u>；所定土地無法使用，以重建或整建方式實施更新者為限。

前項更新期間及土地無法使用，由實施者申請直轄市、縣(市)主管機關認定後，轉送主管稅捐稽徵機關依法辦理地價稅之減免。

本條例第六十七條第一項第一款但書所定未依計畫進度完成更新且可歸責於土地所有權人之情形，由直轄市、縣(市)主管機關認定後，送請主管稅捐稽徵機關依法課徵地價稅。

第32條
★★☆
○check

本條例第六十七條第一項第二款所定更新後地價稅之<u>減徵</u>，指直轄市、縣(市)主管機關依前條第二項認定之更新期間截止日之<u>次年起</u>，<u>2年內</u>地價稅之減徵；所定更新後房屋稅之減徵，指直轄市、縣(市)主管機關依前條第二項認定之更新期間截止日之<u>次月起</u>，<u>2</u>

<u>年內</u>房屋稅之減徵。

第33條

☆☆☆
○check

更新單元內之土地及建築物，依本條例第六十七條第一項規定減免稅捐時，應由實施者列冊，檢同有關證明文件，向主管稅捐稽徵機關申請辦理；減免原因消滅時，亦同。但依本條例第六十七條第一項第三款規定有減免原因消滅之情形，不在此限。

第34條

☆☆☆
○check

本條例第七十一條第一項所定不動產投資開發專業公司，係指經營下列業務之一之公司：
一、 都市更新業務。
二、 住宅及大樓開發租售業務。
三、 工業廠房開發租售業務。
四、 特定專用區開發業務。
五、 投資興建公共建設業務。
六、 新市鎮或新社區開發業務。
七、 區段徵收及市地重劃代辦業務。

第35條

☆☆☆
○check

本條例第七十五條所定之<u>定期檢查</u>，至少每**6個月**應實施1次，直轄市、縣(市)主管機關得要求實施者提供有關都市更新事業計畫執行情形之詳細報告資料。

第36條
☆☆☆
○check

直轄市、縣(市)主管機關依本條例第七十六條第一項規定限期令實施者改善時,應以書面載明下列事項通知實施者:

一、 缺失之具體事實。

二、 改善缺失之期限。

三、 改善後應達到之標準。

四、 逾期不改善之處理。

直轄市、縣(市)主管機關應審酌所發生缺失對都市更新事業之影響程度及實施者之改善能力,訂定適當之改善期限。

第37條
☆☆☆
○check

實施者經直轄市、縣(市)主管機關依本條例第七十六條第一項規定限期改善後,屆期未改善或改善無效者,直轄市、縣(市)主管機關應依同條項規定勒令實施者停止營運、限期清理,並以書面載明下列事項通知實施者:

一、 勒令停止營運之理由。

二、 停止營運之日期。

三、 限期清理完成之期限。

直轄市、縣(市)主管機關應審酌都市更新事業之繁雜程度及實施者之清理能力,訂定適當之清理完成期限。

都更細則

第38條
☆☆☆
○check

直轄市、縣(市)主管機關依本條例第七十六條第一項規定派員監管或代管時，得指派適當機關(構)或人員為<u>監管人</u>或<u>代管人</u>，執行監管或代管任務。

監管人或代管人為執行前項任務，得遴選人員、報請直轄市、縣(市)主管機關派員或調派其他機關(構)人員，組成監管小組或代管小組。

第39條
☆☆☆
○check

實施者受直轄市、縣(市)主管機關之監管或代管處分後，對監管人或代管人執行職務所為之處置，應密切配合，對於監管人或代管人所為之有關詢問，有<u>據實答覆</u>之義務。

第40條
★☆☆
○check

監管人之任務如下：

一、<u>監督</u>及<u>輔導</u>實施者恢復依原核定之章程、都市更新事業計畫或權利變換計畫繼續實施都市更新事業。

二、監督及輔導實施者<u>改善業務</u>，並協助恢復正常營運。

三、監督及輔導事業及<u>財務嚴重缺失</u>之改善。

四、 <u>監督實施者</u>相關資產、權狀、憑證、合約及權利證書之控管。

五、 監督及輔導都市更新事業之清理。

六、 其他有關監管事項。

第41條
★☆☆
○check

代管人之任務如下：

一、 <u>代為恢復</u>依原核定之章程、都市更新事業計畫或權利變換計畫繼續實施都市更新事業。

二、 <u>代為改善</u>業務，並恢復正常營運。

三、 代為改善事業及財務之嚴重缺失。

四、 <u>代為控管</u>實施者相關資產、權狀、憑證、合約及權利證書。

五、 <u>代為執行</u>都市更新事業之清理。

六、 <u>其他</u>有關代管事項。

第42條
☆☆☆
○check

監管人或代管人得委聘具有專門學識經驗之人員協助處理有關事項。

第43條

☆☆☆

○check

因執行監管或代管任務所發生之費用，由<u>實施者</u>負擔。

第44條

☆☆☆

○check

受監管或代管之實施者符合下列情形之一，監管人或代管人得報請直轄市、縣(市)主管機關終止監管或代管：

一、 已恢復依照原經核定之章程、都市更新事業計畫或權利變換計畫繼續實施都市更新事業者。

二、 已具體改善業務，並恢復正常營運者。

三、 已具體改善事業及財務之嚴重缺失，並能維持健全營運者。

第45條

☆☆☆

○check

直轄市、縣(市)主管機關依本條例第七十六條第二項規定撤銷實施者之更新核准時，應以書面載明下列事項通知實施者及主管稅捐稽徵機關：

一、 不遵從直轄市、縣(市)主管機關限期改善或停止營運、限期清理命令之具體事實。

二、 撤銷更新核准之日期。

第46條
★☆☆
〇check

本條例第七十八條所定都市更新事業計畫完成之期日，依下列方式認定：

一、 依本條例第四條第一項第二款或第三款以整建或維護方式處理者：驗收完畢或驗收合格之日。

二、 依本條例第四十三條第一項本文以權利變換方式實施，或依本條例第四十四條第一項規定以部分協議合建、部分權利變換方式實施者：依本條例第六十四條第一項完成登記之日。

三、 依本條例第四十三條第一項但書後段以協議合建或其他方式實施者：使用執照核發之日。

第47條
☆☆☆
〇check

本條例第七十八條所定竣工書圖，包括下列資料：

一、 重建區段內建築物竣工平面、立面書圖及照片。

二、 整建或維護區段內建築物改建、修建、維護或充實設備之竣工平面、立面書圖及照片。

三、公共設施興修或改善之竣工書圖及照片。

第48條
☆☆☆
◯check

本條例第七十八條所定<u>更新成果報告</u>，包括下列資料：

一、更新前後公共設施興修或改善<u>成果差異分析報告</u>。

二、更新前後建築物重建、整建或維護成果差異分析報告。

三、原住戶拆遷安置成果報告。

四、權利變換有關分配結果清冊。

五、後續管理維護之計畫。

第49條
☆☆☆
◯check

本細則自發布日施行。

第六章

都市更新建築容積獎勵辦法

民國 108 年 05 月 15 日

第1條
☆☆☆
○check

本辦法依都市更新條例(以下簡稱本條例)第六十五條第三項前段規定訂定之。

第2條
★☆☆
○check

都市更新事業計畫範圍內<u>未實施容積率管制</u>之建築基地,及<u>整建、維護</u>區段之建築基地,不適用本辦法規定。但依都市更新事業計畫中保存或維護計畫處理之建築基地,不在此限。

第3條
★☆☆
○check

本條例第六十五條第一項、第四項與本辦法所稱基準容積及原建築容積,定義如下:
一、 基準容積:指都市計畫法令規定之<u>容積率上限</u>乘<u>土地面積</u>所得之積數。
二、 原建築容積:指都市更新事業計畫範圍內實施容積管制前已興建完成之合法建築物,申請建築時主管機關核

准之建築總樓地板面積，扣除建築技術規則建築設計施工編第一百六十一條第二項規定不計入樓地板面積部分後之樓地板面積。

第4條
☆☆☆
○check

都市更新事業計畫範圍內之建築基地，另依其他法令規定申請建築容積獎勵時，應先向各該主管機關提出申請。但獎勵重複者，應予扣除。

第5條
★★☆
○check

實施容積管制前已興建完成之合法建築物，其原建築容積高於基準容積者，得依原建築容積建築，或依原建築基地基準容積10%給予獎勵容積。

第6條
★★☆
○check

都市更新事業計畫範圍內之建築物符合下列情形之一者，依原建築基地基準容積一定比率給予獎勵容積：

一、經建築主管機關依建築法規、災害防救法規通知限期拆除、逕予強制拆除，或評估有危險之虞應限期補強或拆除：基準容積10%。

二、經結構安全性能評估結果未

達最低等級：基準容積**8%**。
前項各款獎勵容積額度不得累計
申請。

第7條
★☆☆
○check

都市更新事業計畫範圍內依直轄
市、縣(市)主管機關公告，提供
指定之社會福利設施或其他公益
設施，建築物及其土地產權無償
登記為公有者，除不計入容積外，
依下列公式計算獎勵容積，其獎
勵額度以基準容積**30%**為上限：
提供指定之社會福利設施或其他
公益設施之獎勵容積＝社會福利
設施或其他公益設施之建築總樓
地板面積，扣除建築技術規則建
築設計施工編第一百六十一條第
二項規定不計入樓地板面積部分
後之樓地板面積×獎勵係數。
前項獎勵係數為1。但直轄市、縣
(市)主管機關基於都市發展特性
之需要，得提高獎勵係數。
第一項直轄市、縣(市)主管機關
公告之社會福利設施或其他公益
設施，直轄市、縣(市)主管機關
應於本辦法中華民國108年5月15
日修正施行後1年內公告所需之
設施項目、最小面積、區位及其

他有關事項；直轄市、縣(市)主管機關未於期限內公告者，都市更新事業計畫得逕載明提供社會福利設施，依第一項規定辦理。直轄市、縣(市)主管機關公告後，應依都市發展情形，每<u>4年</u>內至少檢討1次，並重行公告。

第8條
★☆☆
○check

協助取得及開闢都市更新事業計畫範圍內或其周邊公共設施用地，產權登記為公有者，依下列公式計算獎勵容積，其獎勵額度以基準容積<u>15%</u>為上限：

協助取得及開闢都市更新事業計畫範圍內或其周邊公共設施用地之<u>獎勵容積＝公共設施用地面積×(都市更新事業計畫報核日當期之公共設施用地公告土地現值／都市更新事業計畫報核日當期之建築基地公告土地現值)× 建築基地之容積率。</u>

前項公共設施用地應開闢完成且將土地產權移轉登記為直轄市、縣(市)有或鄉(鎮、市)有。

第一項公共設施用地或建築基地，有2筆以上者，應按面積比率加權平均計算公告土地現值及

容積率。

第一項公共設施用地，以容積移轉方式辦理者，依其規定辦理，不適用前三項規定。

第9條
★☆☆
〇check

都市更新事業計畫範圍內之古蹟、歷史建築、紀念建築及聚落建築群，辦理整體性保存、修復、再利用及管理維護者，除不計入容積外，並得依該建築物實際面積之1.5倍，給予獎勵容積。

都市更新事業計畫範圍內依本條例第三十六條第一項第十一款規定保存或維護計畫辦理之都市計畫表明應予保存或有保存價值建築物，除不計入容積外，並得依該建築物之實際面積，給予獎勵容積。

前二項建築物實際面積，依文化資產或都市計畫主管機關核准之保存、修復、再利用及管理維護等計畫所載各層樓地板面積總和或都市更新事業計畫實測各層樓地板面積總和為準。

依第一項辦理古蹟、歷史建築、紀念建築及聚落建築群之整體性保存、修復、再利用及管理維護

者，應於領得使用執照前完成。

申請第一項獎勵者，實施者應提出與古蹟、歷史建築、紀念建築及聚落建築群所有權人協議並載明相關內容之文件。

第一項及第二項建築物，以容積移轉方式辦理者，依其規定辦理，不適用前五項規定。

第10條
★★☆
○check

取得候選綠建築證書，依下列等級給予獎勵容積：

一、 鑽石級：基準容積**10%**。
二、 黃金級：基準容積**8%**。
三、 銀級：基準容積**6%**。
四、 銅級：基準容積**4%**。
五、 合格級：基準容積**2%**。

前項各款獎勵容積不得累計申請。

申請第一項第四款或第五款獎勵容積，以依本條例第七條第一項第三款規定實施之都市更新事業，且面積未達**500平方公尺**者為限。

第一項綠建築等級，於依都市計畫法第八十五條所定都市計畫法施行細則另有最低等級規定者，申請等級應高於該規定，始得依

前三項規定給予獎勵容積。

第11條
★★☆
〇check

取得候選智慧建築證書，依下列等級給予獎勵容積：
一、 鑽石級：基準容積**10%**。
二、 黃金級：基準容積**8%**。
三、 銀級：基準容積**6%**。
四、 銅級：基準容積**4%**。
五、 合格級：基準容積**2%**。
前項各款獎勵容積不得累計申請。申請第一項第四款或第五款獎勵容積，以依本條例第七條第一項第三款規定實施之都市更新事業，且面積未達**500平方公尺**者為限。

第12條
★★☆
〇check

採無障礙環境設計者，依下列規定給予獎勵容積：
一、 取得無障礙住宅建築標章：基準容積**5%**。
二、 依住宅性能評估實施辦法辦理新建住宅性能評估之無障礙環境：
　　（一）第一級：基準容積**4%**。
　　（二）第二級：基準容積**3%**。
前項各款獎勵容積額度不得累計申請。

第13條
★★☆
○check

採建築物耐震設計者，依下列規定給予獎勵容積：

一、取得耐震設計標章：基準容積**10%**。

二、依住宅性能評估實施辦法辦理新建住宅性能評估之結構安全性能：

（一）第一級：基準容積**6%**。

（二）第二級：基準容積**4%**。

（三）第三級：基準容積**2%**。

前項各款獎勵容積額度不得累計申請。

第14條
★★★
○check

本辦法中華民國108年5月15日修正之條文施行日起一定期間內，實施者擬訂都市更新事業計畫報核者，依下列規定給予獎勵容積：

一、劃定應實施更新之地區：

（一）修正施行日起5年內：基準容積**10%**。

（二）前目期間屆滿之次日起5年內：基準容積**5%**。

二、未經劃定應實施更新之地區：

（一）修正施行日起5年內：基準容積**7%**。

（二）前目期間屆滿之次日起

第15條
★★☆
○check

都市更新事業計畫範圍重建區段含1個以上完整計畫街廓或土地面積達一定規模以上者，依下列規定給予獎勵容積：

一、含1個以上完整計畫街廓：基準容積 **5%**。

二、土地面積達 **3000平方公尺**以上未滿 **1萬平方公尺**：基準容積 **5%**；每增加100平方公尺，另給予基準容積 **0.3%**。

三、土地面積達 **1萬平方公尺**以上：基準容積 **30%**。

前項第一款所定完整計畫街廓，由直轄市、縣(市)主管機關認定之。

第一項第二款及第三款獎勵容積額度不得累計申請；同時符合第一項第一款規定者，得累計申請獎勵容積額度。

第16條
★☆☆
○check

都市更新事業計畫範圍重建區段內，更新前門牌戶達 **20戶**以上，依本條例第四十三條第一項但書後段規定，於都市更新事業計畫報核時經全體土地及合法建築物

所有權人同意以協議合建方式實施之都市更新事業，給予基準容積5%之獎勵容積。

第17條

☆☆☆
◯check

處理占有他人土地之舊違章建築戶，依都市更新事業計畫報核前之實測面積給予獎勵容積，且每戶不得超過最近1次行政院主計總處人口及住宅普查報告各該直轄市、縣(市)平均每戶住宅樓地板面積，其獎勵額度以基準容積20%為上限。

前項舊違章建築戶，由直轄市、縣(市)主管機關認定之。

第18條

★☆☆
◯check

實施者申請第十條至第十三條獎勵容積，應依下列規定辦理：

一、與直轄市、縣(市)主管機關簽訂協議書，並納入都市更新事業計畫。

二、於領得使用執照前向直轄市、縣(市)主管機關繳納保證金。

三、於領得使用執照後2年內，取得標章或通過評估。

前項第二款保證金，依下列公式計算：

應繳納之保證金額＝都市更新事

<u>業計畫範圍內土地按面積比率加權平均計算都市更新事業計畫報核時公告土地現值 × **0.7** × 申請第十條至第十三條之獎勵容積樓地板面積。</u>

第一項第二款保證金，應由實施者提供現金、等值之政府公債、定期存款單、銀行開立之本行支票繳納或取具在中華民國境內營業之金融機構之書面保證。但書面保證應以該金融機構營業執照登記有保證業務者為限。

實施者提供金融機構之書面保證或辦理質權設定之定期存款單，應加註拋棄行使抵銷權及先訴抗辯權，且保證期間或質權存續期間，不得少於第一項第三款所定期間。

依第一項第三款規定取得標章或通過評估者，保證金無息退還。未依第一項第三款規定取得標章或通過評估者，保證金不予退還。

第19條
☆☆☆
○check

中華民國104年7月1日前依本條例108年1月30日修正施行前第八條所定程序指定為策略性再開發地區，於104年7月1日起九年內，實施者依第十條、第十五條

或108年5月15日修正施行前第七條、第八條及第十條申請獎勵且更新後集中留設公共開放空間達基地面積50%以上者，其獎勵後之建築容積，得於各該建築基地2倍之基準容積或各該建築基地0.5倍之基準容積再加其原建築容積範圍內，放寬其限制。

依前項規定增加之獎勵，經各級主管機關審議通過後，實施者應與直轄市、縣(市)主管機關簽訂協議書，納入都市更新事業計畫。協議書應載明增加之建築容積於扣除更新成本後增加之收益，實施者自願以現金捐贈當地直轄市、縣(市)主管機關設立之都市更新基金，其捐贈比率以**40%**為上限，由直轄市、縣(市)主管機關視地區特性訂定。

第20條
☆☆☆
◯check

都市更新事業計畫於本條例中華民國108年1月30日修正施行前擬訂報核者，得適用修正前之規定。

第21條
☆☆☆
◯check

本辦法自發布日施行。

第七章

都市更新權利變換實施辦法

民國 108 年 06 月 17 日

第1條
☆☆☆
○check

本辦法依都市更新條例(以下簡稱本條例)第四十八條第三項規定訂定之。

第2條
★☆☆
○check

本辦法所稱權利變換關係人,指依本條例第六十條規定辦理權利變換之合法建築物所有權人、地上權人、永佃權人、農育權人及耕地三七五租約承租人。

第3條
★☆☆
○check

權利變換計畫應表明之事項如下:
一、 實施者姓名及住所或居所;其為法人或其他機關(構)者,其名稱及事務所或營業所所在地。
二、 實施權利變換地區之範圍及其總面積。
三、 權利變換範圍內原有公共設施用地、未登記地及得無償撥用取得之公有道路、溝渠、河川等公有土地之面積。

四、更新前原土地所有權人及合法建築物所有權人、他項權利人、耕地三七五租約承租人、限制登記權利人、占有他人土地之舊違章建築戶名冊。

五、土地、建築物及權利金分配清冊。

六、第十九條第一項第四款至第十款所定費用。

七、專業估價者之共同指定或選任作業方式及其結果。

八、估價條件及權利價值之評定方式。

九、依本條例第五十一條第一項規定各土地所有權人折價抵付共同負擔之土地及建築物或現金。

十、各項公共設施之設計施工基準及其權屬。

十一、工程施工進度與土地及建築物產權登記預定日期。

十二、不願或不能參與權利變換分配之土地所有權人名冊。

十三、依本條例第五十七條第四項規定土地改良物因拆除或遷移應補償之價值或建築物之殘餘價值。

十四、申請分配及公開抽籤作業方式。

十五、更新後更新範圍內土地分配圖及建築物配置圖。其比例尺不得小於1/500。

十六、更新後建築物平面圖、剖面圖、側視圖、透視圖。

十七、更新後土地及建築物分配面積及位置對照表。

十八、地籍整理計畫。

十九、依本條例第六十二條規定舊違章建築戶處理方案。

二十、其他經各級主管機關規定應表明之事項。

前項第五款之土地、建築物及權利金分配清冊應包括下列事項：

一、更新前各宗土地之標示。

二、依第八條第一項及本條例第五十條第一項規定估定之權利變換前各宗土地及合法建築物所有權之權利價值及地上權、永佃權、農育權及耕地三七五租約價值。

三、依本條例第五十條第一項規定估定之更新後建築物與其土地應有部分及權利變換範圍內其他土地之價值。

四、更新後得分配土地及建築物之名冊。

五、土地所有權人或權利變換關係人應分配土地與建築物標示及無法分配者應補償之金額。

六、土地所有權人、權利變換關係人與實施者達成分配權利金之約定事項。

第4條

☆☆☆
○check

實施者依本條例第四十八條第一項規定報請核定時,應檢附權利變換計畫及下列文件:

一、依本條例第十二條規定實施都市更新事業,經各級主管機關委託、同意或其他機關(構)委託為實施者之證明文件。

二、經各級主管機關核定都市更新事業計畫之證明文件。但與都市更新事業計畫一併辦理者免附。

三、 權利變換公聽會紀錄及處理情形。

四、 其他經各級主管機關規定應檢附之相關文件。

第5條
★☆☆
○check

實施者為擬具權利變換計畫，應就土地所有權人及權利變換關係人之下列事項進行調查：

一、 參與分配更新後土地及建築物之意願。

二、 更新後土地及建築物分配位置之意願。

第6條
☆☆☆
○check

本條例第五十條第一項所稱專業估價者，指不動產估價師或其他依法律得從事不動產估價業務者所屬之事務所。

本條例第五十條第二項所定專業估價者由實施者與土地所有權人共同指定，應由實施者與權利變換範圍內全體土地所有權人共同為之；變更時，亦同。

本條例第五十條第二項所定建議名單，應以受理權利變換計畫之主管機關所提名單為準。

第7條

☆☆☆

○check

實施者依本條例第五十條第二項規定選任專業估價者，應於擬具權利變換計畫舉辦公聽會前，依下列規定辦理：

一、 選任地點應選擇更新單元範圍所在村(里)或鄰近地域之適當場所辦理選任。

二、 選任之日期及地點，應於選任**10日**前通知權利變換範圍內全體土地所有權人。

三、 選任時，應有公正第3人在場見證。

四、 依各該主管機關之建議名單抽籤，選任正取2家，備取數家。

第8條

☆☆☆

○check

本條例第六十條第二項規定由實施者估定合法建築物所有權之權利價值及地上權、永佃權、農育權或耕地三七五租約價值，應由實施者協調土地所有權人及權利變換關係人定之，協調不成時，準用本條例第五十條規定估定之。

前項估定之價值，應包括本條例第六十條第四項規定准予記存之土地增值稅。

第9條

☆☆☆

○check

本條例第五十二條第一項但書規定之現金補償數額，以依本條例第五十條第一項規定評定之權利變換前權利價值依法定清償順序扣除應納之土地增值稅、田賦、地價稅及房屋稅後計算；實施者應於實施權利變換計畫公告時，造具清冊檢同有關資料，向主管稅捐稽徵機關申報土地移轉現值。

第10條

☆☆☆

○check

權利變換範圍內土地所有權人及合法建築物所有權人於權利變換後未受土地及建築物分配或不願參與分配者，其應領之補償金於發放或提存後，由實施者列冊送請各級主管機關囑託該管登記機關辦理所有權移轉登記。其土地或合法建築物經設定抵押權、典權或辦竣限制登記者，應予塗銷。登記機關辦理塗銷登記後，應通知權利人或囑託限制登記之法院或機關。

前項補償金，由實施者於權利變換計畫核定發布實施之日起**2個月**內，通知受補償人或代管機關於受通知之日起**30日**內領取。但

土地或合法建築物經扣押、法院強制執行或行政執行者，應通知扣押機關、執行法院或行政執行分署於受通知之日起30日內為必要之處理，並副知應受補償人。

有下列情形之一者，實施者得依第一項規定將補償金額提存之：

一、應受補償人或代管機關逾期不領、拒絕受領或不能受領。

二、應受補償人所在地不明。

三、前項但書情形，扣押機關、執行法院或行政執行分署屆期未核發下列各目執行命令：

（一）應向扣押機關、執行法院或行政執行分署支付。

（二）許債權人收取。

（三）將補償金債權移轉予債權人。

依第一項辦理所有權移轉登記時，於所有權人死亡者，免辦繼承登記。

第11條

☆☆☆
○check

實施者於依本條例第六十條第二項規定估定地上權、永佃權、農育權或耕地三七五租約價值，於土地所有權人應分配之土地及建

築物權利範圍內，按地上權、永佃權、農育權或耕地三七五租約價值占原土地價值比率，分配予各該地上權人、永佃權人、農育權人或耕地三七五租約承租人時，如地上權人、永佃權人、農育權人或耕地三七五租約承租人不願參與分配或應分配之土地及建築物因未達最小分配面積單元，無法分配者，得於權利變換計畫內表明以現金補償。

前項補償金於發放或提存後，由實施者列冊送請各級主管機關囑託該管登記機關辦理地上權、永佃權、農育權或耕地三七五租約塗銷登記。地上權、永佃權、農育權經設定抵押權或辦竣限制登記者，亦同。登記機關辦理塗銷登記後，應通知權利人或囑託限制登記之法院或機關。

第一項補償金之領取及提存，準用前條第二項及第三項規定。

第12條
☆☆☆
○check

以權利變換方式參與都市更新事業分配權利金者，其權利金數額，以經各級主管機關核定之權利變換計畫所載為準，並於發放後，

由實施者列冊送請各級主管機關囑託該管登記機關辦理權利變更登記，並準用第十條第一項及前條第二項規定辦理塗銷登記。

前項權利金發放之稅賦扣繳，準用第九條規定辦理。

第13條
☆☆☆
○check

第八條第一項、第二十五條第一項及本條例第五十條第一項所定評價基準日，應由實施者定之，其日期限於權利變換計畫報核日前**6個月**內。但本辦法中華民國96年12月18日修正施行前已核定發布實施之都市更新事業計畫，實施者於修正施行日起**6個月**內申請權利變換計畫報核者，其評價基準日，得以都市更新事業計畫核定發布實施日為準。

第14條
☆☆☆
○check

土地所有權人與權利變換關係人依本條例第六十條第二項規定協議不成，或土地所有權人不願或不能參與分配時，土地所有權人之權利價值應扣除權利變換關係人之權利價值後予以分配或補償。

第15條
☆☆☆
○check

更新後各土地所有權人應分配之權利價值，應以權利變換範圍內，更新後之土地及建築物總權利價值，扣除共同負擔之餘額，按各土地所有權人更新前<u>權利價值比率</u>計算之。

本條例第三十六條第一項第十八款所定權利變換分配比率，應以前項更新後之土地及建築物總權利價值，扣除共同負擔之餘額，其占更新後之土地及建築物總權利價值之比率計算之。

本條例第三十七條第四項所定更新後分配之權利價值比率，應以第一項各土地所有權人應分配之權利價值，其占更新後之土地及建築物總權利價值，扣除共同負擔餘額之比率計算之。

第16條
☆☆☆
○check

權利變換採分期或分區方式實施時，前條共同負擔、權利價值比率及分配比率，得按分期或分區情形分別計算之。

第17條
☆☆☆
○check

實施權利變換後應分配之土地及建築物位置，應依都市更新事業計畫表明分配及選配原則辦理；

其於本條例中華民國108年1月30日修正施行前已報核之都市更新事業計畫未表明分配及選配原則者，得由土地所有權人或權利變換關係人自行選擇。但同一位置有2人以上申請分配時，應以<u>公開抽籤</u>方式辦理。

實施者應訂定期限辦理土地所有權人及權利變換關係人分配位置之申請；未於規定期限內提出申請者，以公開抽籤方式分配之。其期限不得少於<u>30日</u>。

第18條
☆☆☆
○check

更新前原土地或建築物如經法院查封、假扣押、假處分或破產登記者，不得合併分配。

第19條
★★☆
○check

本條例第五十一條所定負擔及費用，範圍如下：

一、 原有公共設施用地：指都市更新事業計畫核定發布實施日權利變換地區內依都市計畫劃設之道路、溝渠、兒童遊樂場、鄰里公園、廣場、綠地、停車場等7項公共設施用地，業經各直轄市、縣(市)主管機關或鄉(鎮、市)

公所取得所有權或得依法辦理無償撥用者。

二、未登記地：指都市更新事業計畫核定發布實施日權利變換地區內尚未依土地法辦理總登記之土地。

三、得無償撥用取得之公有道路、溝渠、河川：指都市更新事業計畫核定發布實施日權利變換地區內實際作道路、溝渠、河川使用及原作道路、溝渠、河川使用已廢置而尚未完成廢置程序之得無償撥用取得之公有土地。

四、工程費用：包括權利變換地區內道路、溝渠、兒童遊樂場、鄰里公園、廣場、綠地、停車場等公共設施與更新後土地及建築物之規劃設計費、施工費、整地費及材料費、工程管理費、空氣污染防制費及其他必要之工程費用。

五、權利變換費用：包括實施權利變換所需之調查費、測量費、規劃費、估價費、依本

條例第五十七條第四項規定應發給之補償金額、拆遷安置計畫內所定之拆遷安置費、地籍整理費及其他必要之業務費。

六、貸款利息：指為支付工程費用及權利變換費用之貸款利息。

七、管理費用：指為實施權利變換必要之人事、行政、銷售、風險、信託及其他管理費用。

八、都市計畫變更負擔：指依都市計畫相關法令變更都市計畫，應提供或捐贈之一定金額、可建築土地或樓地板面積，及辦理都市計畫變更所支付之委辦費。

九、申請各項建築容積獎勵所支付之費用：指為申請各項建築容積獎勵所需費用及委辦費，且未納入本條其餘各款之費用。

十、申請容積移轉所支付之費用：指為申請容積移轉所支付之容積購入費用及委辦費。

前項第四款至第六款及第九款所定費用，以經各級主管機關核定之權利變換計畫所載數額為準。第七款及第十款所定費用之計算基準，應於都市更新事業計畫中載明。第八款所定都市計畫變更負擔，以經各級主管機關核定之都市計畫書及協議書所載數額為準。

第20條

☆☆☆
○check

依本條例第五十一條第三項規定，以原公有土地應分配部分優先指配之順序如下：
一、 本鄉(鎮、市)有土地。
二、 本直轄市、縣(市)有土地。
三、 國有土地。
四、 他直轄市有土地。
五、 他縣(市)有土地。
六、 他鄉(鎮、市)有土地。

第21條

☆☆☆
○check

公有土地符合下列情形之一者，免依本條例第五十一條第三項規定優先指配為同條第一項共同負擔以外之公共設施：
一、 權利變換計畫核定前業經協議價購、徵收或有償撥用取得。

二、權利變換計畫核定前已有具體利用或處分計畫，且報經權責機關核定。

三、權利變換計畫核定前，住宅主管機關以住宅基金購置或已報奉核定列管作為興辦社會住宅之土地。

四、非屬都市計畫公共設施用地之學產地。

第22條
☆☆☆
○check

各級主管機關應於權利變換計畫核定發布實施後公告<u>30日</u>，將公告地點及日期刊登政府公報或新聞紙3日，並張貼於當地村(里)辦公處之公告牌及各該主管機關設置之專門網頁。

前項公告，應表明下列事項：

一、<u>權利變換計畫</u>。

二、公告起迄<u>日期</u>。

三、依本條例第五十三條第一項規定提出異議之期限、方式及<u>受理機關</u>。

四、權利變換範圍內應行拆除遷移土地改良物預定<u>拆遷日</u>。

第23條
☆☆☆
○check

實施者應於權利變換計畫核定發布實施後，將下列事項以書面通知土地所有權人、權利變換關係人及占有他人土地之舊違章建築戶：

一、 更新後應分配之土地及建築物。
二、 應領之補償金額。
三、 舊違章建築戶處理方案。

第24條
☆☆☆
○check

權利變換範圍內應行拆除遷移之土地改良物，實施者應於權利變換計畫核定發布實施之日起<u>10日</u>內，通知所有權人、管理人或使用人預定拆遷日。

如為政府代管、扣押、法院強制執行或行政執行者，並應通知代管機關、扣押機關、執行法院或行政執行分署。

前項權利變換計畫公告期滿至預定拆遷日，不得少於<u>2個月</u>。

第25條
☆☆☆
○check

因權利變換而拆除或遷移之土地改良物，其補償金額準用本條例第五十條規定評定之。

前項補償金額扣除預估本條例第五十七條第五項規定代為拆除或

遷移費用之餘額，由實施者於權利變換計畫核定發布實施之日起<u>10日</u>內，準用第十條第二項及第三項規定通知領取及提存。

前項通知領取期限，已核定之權利變換計畫另有表明者，依其表明辦理。

第26條
☆☆☆
○check

實施權利變換時，權利變換範圍內供自來水、電力、電訊、天然氣等公用事業所需之地下管道、土木工程及其必要設施，各該事業機構應配合權利變換計畫之實施進度，辦理規劃、設計及施工。

前項所需經費，依規定由使用者分擔者，得列為<u>工程費用</u>。

第27條
★☆☆
○check

權利變換範圍內經權利變換之土地及建築物，實施者於申領建築物使用執照，並完成自來水、電力、電訊、天然氣之配管及埋設等必要公共設施後，應以書面分別通知土地所有權人及權利變換關係人於<u>30日</u>內辦理接管。

第28條
★☆☆
○check

權利變換計畫核定發布實施後，實施者得視地籍整理計畫之需要，申請各級主管機關囑託該管登記機關辦理實施權利變換地區範圍邊界之鑑界、分割測量及登記。

權利變換工程實施完竣，實施者申領建築物使用執照時，並得辦理實地埋設界樁，申請各級主管機關囑託該管登記機關依權利變換計畫中之土地及建築物分配清冊、更新後更新範圍內土地分配圖及建築物配置圖，辦理地籍測量及建築物測量。

前項測量後之面積，如與土地及建築物分配清冊所載面積不符時，實施者應依地籍測量或建築物測量結果，變更權利變換計畫，釐正相關圖冊之記載。

第29條
☆☆☆
○check

依本條例第五十一條第一項規定，權利變換範圍內列為抵充或共同負擔之各項公共設施用地，應登記為直轄市、縣(市)所有，其管理機關為各該公共設施主管機關。

第30條

☆☆☆
○check

權利變換完成後，實際分配之土地及建築物面積與應分配面積有差異時，應按評價基準日評定更新後權利價值，計算應繳納或補償之差額價金。

前項差額價金，由實施者通知土地所有權人及權利變換關係人應於接管之日起**30日**內繳納，或通知土地所有權人、權利變換關係人或代管機關應於接管之日起30日內領取，並準用第十條第二項但書及第三項規定。

第31條

☆☆☆
○check

實施者依本條例第六十四條第一項規定列冊送請各級主管機關囑託該管登記機關辦理權利變更或塗銷登記時，對於應繳納差額價金而未繳納者，其獲配之土地及建築物應請該管登記機關加註未繳納差額價金，除繼承外不得辦理所有權移轉登記或設定負擔字樣，於土地所有權人繳清差額價金後立即通知登記機關辦理塗銷註記。

前項登記為本條例第六十條第二項規定分配土地者，由實施者檢附主管機關核准分配之證明文件

影本，向主管稅捐稽徵機關申報<u>土地移轉現值</u>，並取得<u>土地增值稅</u>記存證明文件後，辦理土地所有權移轉登記。

依第一項辦理登記完竣後，該管登記機關除應通知囑託限制登記之法院或機關、預告登記請求權人外，並應通知土地所有權人、權利變換關係人及本條例第六十一條第一項之抵押權人、典權人於 **30 日**內換領土地及建築物權利書狀。

第32條

☆☆☆

◯check

本條例第六十條第四項規定記存之土地增值稅，於權利變換後再移轉該土地時，與該次再移轉之土地增值稅分別計算，一併繳納。

第33條

☆☆☆

◯check

本辦法自發布日施行。

建築法規隨身讀(第五冊)

作　　者：江　軍　彙編
企劃編輯：郭季柔
文字編輯：江雅鈴
設計裝幀：張寶莉
發 行 人：廖文良

發 行 所：碁峰資訊股份有限公司
地　　址：台北市南港區三重路 66 號 7 樓之 6
電　　話：(02)2788-2408
傳　　真：(02)8192-4433
網　　站：www.gotop.com.tw
書　　號：ACR01000005
版　　次：2021 年 09 月初版
建議售價：NT$990 (全套五冊)

國家圖書館出版品預行編目資料

建築法規隨身讀 / 江軍彙編.-- 初版.-- 臺北市：碁峰資訊, 2021.09
　　冊 ；　公分
　　ISBN 978-986-502-879-4(全套：平裝)
　　1.營建法規
441.51　　　　　　　　　　　　　110009873

讀者服務

- 感謝您購買碁峰圖書，如果您對本書的內容或表達上有不清楚的地方或其他建議，請至碁峰網站：「聯絡我們」\「圖書問題」留下您所購買之書籍及問題。(請註明購買書籍之書號及書名，以及問題頁數，以便能儘快為您處理)
http://www.gotop.com.tw

- 售後服務僅限書籍本身內容，若是軟、硬體問題，請您直接與軟硬體廠商聯絡。

- 若於購買書籍後發現有破損、缺頁、裝訂錯誤之問題，請直接將書寄回更換，並註明您的姓名、連絡電話及地址，將有專人與您連絡補寄商品。